问题之书
答案之书

# 所有命运赠送的礼物，早已在暗中标好了价格

徐多多 ＋ 著

中国出版集团　　现代出版社

命运赠送的礼物是有 AB 面的，
你无法接受它坏的一面，
就不配拥有它好的一面；
命运赠送的礼物是有价格的，
你承担不起相应的价钱，
就不配享有它对应的价值。

不要贪图短期的无忧无虑，
也不要迷恋得过且过的人生。
温水煮青蛙的日子之所以可怕，
是因为每分每秒都在损耗人的心志，
等到下次再面临生活的刁难时，
你将无力应对。

20% 每天早起、自律、勤奋、独立思考的人，

总能分走更多的奶酪；

而另外80% 的人，

当奶酪送上门的时候，

他们也许正在打游戏、刷视频、做美梦，

刚好错过了敲门声。

生活对每个人都既公平又残酷，

它总会让你看到一丝希望，

但当你鼓起勇气伸手去抓的时候，

又消失殆尽，

始终在挑逗你不要放弃挣扎。

选择不是蝴蝶效应，

二十岁时你扇动了一下翅膀，

三十岁时你的人生就分崩离析了。

最重要的未必是某一次选择，

而是选择之后的路要怎么走。

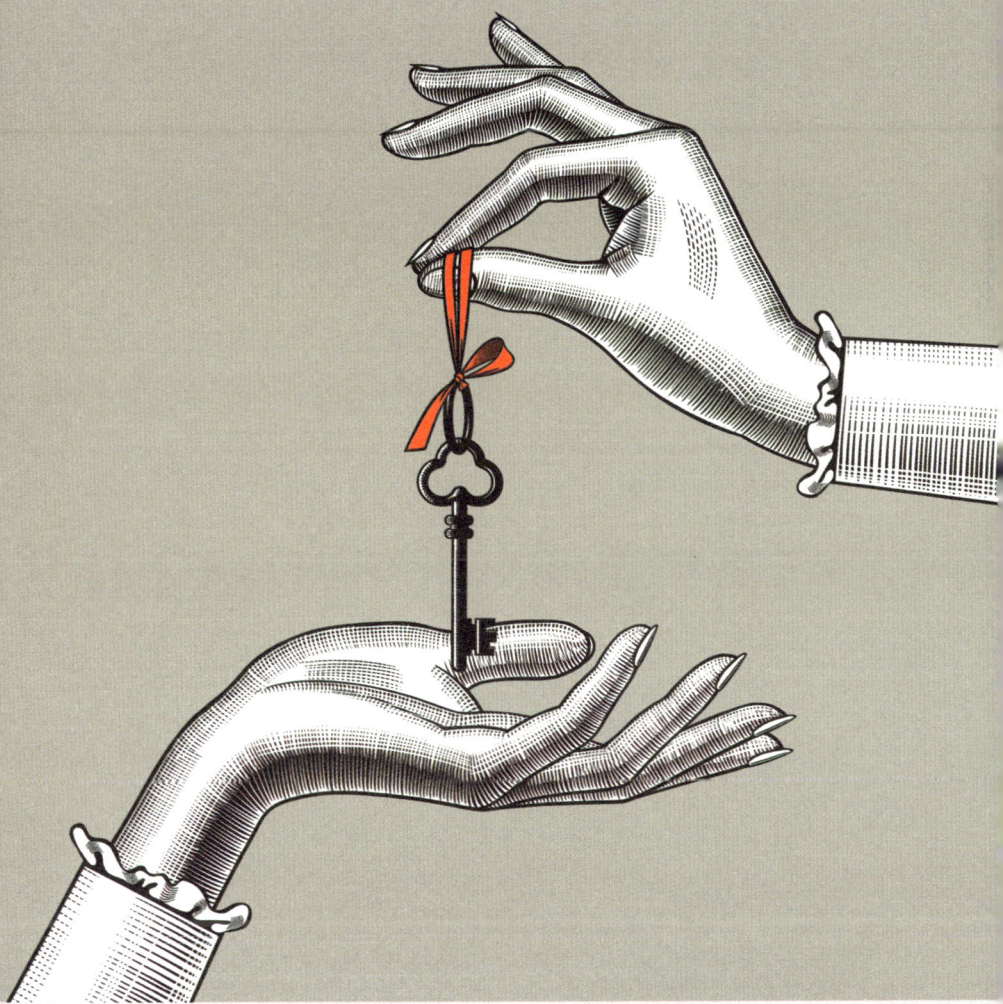

所谓"措手不及"，

不是没有时间准备，

而是有时间的时候你没有准备。

所有的来不及，都是因为开始得太晚。

有人少年得志，有人大器晚成，

验证方法没有一把通用的时间标尺。

按自己的方式搭建未来，是一种能力；

不被别人带乱节奏，也是一种能力。

不要对"平凡可贵"有什么误解，

有些人是"曾经拥有着一切"，

最后发现平凡才是唯一的答案；

而有些人本来就什么都没有，

平凡就是他们唯一的宿命。

## 所有的来不及，都是因为开始得太晚

时间最会撒谎，它先骗你人生漫长，让你虚度光阴；再骗你时日无多，让你惶恐不安。命运最会安慰，它先安慰你平凡可贵，让你一辈子碌碌无为；再安慰你一切都是最好的安排，让平凡成为你唯一的宿命。

其实，谎言和安慰都是命运给你的礼物，只是你不知道。

每过一天，生活的天平上就会被加上超重的砝码，一切都失衡了。就像靶子是有了，红心没有，怎么扎都得不到十分；表盘有了，刻度没有，无论怎么转都无法对准时间，焦虑就大摇大摆闯进你的生活。

生活的真相是，无论你坐在桌子哪一边，火锅里冒出来的烟都往脸上飘；生活的悲悯是，你偶尔被假象欺骗时，它原谅了你；生活的悲剧是，你总是对世界有所期待，可它从来不会因为你的期待就有回报；生活的悲哀是，你可以逃避现实，但你无法逃避后果。

很多时候蒙蔽你双眼的不是假象，而是自己的执念。

你以为别人都是命运的宠儿，只有自己是命运的弃儿，其实比你优秀的人比你还努力；

你以为一万小时的练习能让庸人变成大师，但天道酬勤，酬的从来不是假勤；

你以为和大咖能成为朋友，可惜大咖挥一挥衣袖就把你忘了；

你以为自由就是放纵，任由自己过度内耗，嘴上说着养生，身体却在轻生。

**贪心的人拿一粒纽扣，却硬要人家在上面缝一件衣服；拿着命运送来的礼物，还嫌包装不够精美。**

生活有时会给你阳光，有时会给你一记耳光，有时会让你输得精光，但它绝不会因为你心存侥幸就放过你。它不会因为你没考上名校就对你格外开恩，不会因为你困顿无助就对你特别眷顾，更不会在你希望坐享其成时丢馅饼给你。

人生是等价交换的，当你的承担能力大于生活的风险，即便中途翻车抛锚，也能及时止损；当你靠向生活借贷度日，每一次索债都让你措手不及。

**很多偶然性的风险之所以破坏力巨大，并不是因为风险本身威力大，主要是你对风险熟视无睹，毫无准备的你被突如其来的晴天霹雳打了一个措手不及。**

海恩法则指出："每一次严重事故的背后，必然有29次轻微事故和300起未遂先兆以及1000起事故隐患。"

太容易的人生，总避免不了有点副作用。表面过着与世无争的生活，其实早已危机四伏。压死骆驼的看似是最后一根稻草，但在最后一根稻草落下之前，骆驼早已超负荷前行很久，只是它选择视而不见。

那些你糊弄的、轻视的、消极处理的，无论多么细微，都会作用在你的未来；那些你偷过的懒、省过的力，当时还以为占了便宜，时过境迁才发现，那不过是拿后半生提前抵了债。

没有凭空而来的好运，活得舒服只是一种幻觉。年轻时那条好走的路，不过是把要过的坑留给年老体衰的自己。前半生省的力，会变成后半生疼的疤；前半生不知道努力，后半生就会力不从心。

这是最坏的时代。你绝不会因为一分努力就有资格在奢侈品店随意刷卡，也不会因为两分努力就能体面生活在 CBD，你拿出十分努力，都未必有机会过上理想的生活。

这也是最好的时代。它飞速运转，那些躺着把钱赚了的人迟早会露怯，因为习惯走捷径的人再也不会考虑用脑子；它不相信侥幸，你今天的日积月累，才会变成别人的望尘莫及；它不鼓励得过且过，没有准备成功的人，都是在准备失败。

茨威格说："她那时还太年轻，不知道所有命运赠送的礼物，早已在暗中标好了价格。"其实是说："我们还太年轻，不知道所有不计回报的努力背后，命运早已悄悄准备好了礼物。"

正确打开命运礼物的方式是，当你准备好时，命运恰巧抛来绣球，你正好有本事接得住。真正的本事不是你能拥有多少次好运，而是你有多少能匹配好运的实力。

20% 每天早起、自律、勤奋、独立思考的人，总能分走更多的奶酪；而另外80% 的人，当奶酪送上门的时候，他们也许正在打游戏、刷视频、做美梦，刚好错过了敲门声。

那些工作以混日子为主的人，迟早要被生活抛弃；而那些别人要求七十分，却努力做到一百分的人，不仅没辜负自己的努力，还会收获认同。

**命运赠送的礼物是有 AB 面的，你无法接受它坏的一面，就不配拥有它好的一面；命运赠送的礼物是有价格的，你承担不起相应的价钱，就不配享有它对应的价值。**

如果你是一株还来不及开花的水仙，你一定不能放弃，不能因为被当作葱而郁郁寡欢。不是所有的生命，生来就有哪条路是自己的"非走不可"；也没有哪种生活方式，在选择的时候只剩下"一定要如此"和"必须这样"。

珍惜生命的最好方式，不是关起门来养生，而是在有限的时间里，提高自己生命的质量。你要有资本在也好、很好和更好之间选择，而不是面对生活的刁难，不得不一次又一次在差和更差之间权衡，最终难以翻盘，越陷越深。

人生是自我欺骗还是自我和解？各有各的解题思路，但最终的指向都是明确的——不要等生活为难你时，才后悔过去太安逸。

不要停止学习和武装自己，保持头脑不混浊、身体不油腻，才有足够的力气升级打怪，在下一次生活对你提出考问的时候，给出正确的答案。

为什么有的人无论做什么都能成功？

为什么有的人明明一手好牌，
却打得稀烂？

为什么"听过很多道理，
依然过不好这一生"？

......

时刻保持清醒和警觉的头脑，别在命运敲门时不知不觉。

> 不是名校、名企出身的人，
>
> 真的没有逆袭的机会吗？

## 比起点低更可怕的，是不敢追

　　起点不是一种可选择的机会，但它也不是一种决定。如果你不得不接受命运给你一个比别人低的起点，那么你只能拼尽全力去赢得交换理想人生的筹码。

## 如果逆袭有名字，它一定叫"不信命"

在某知名大企业做 HR 的朋友 Edith，前几天在朋友圈转发了一条标题非常扎眼的文章：《对不起，我们不要二三本大学的学生》，还配上了一个高深莫测的表情。

我评论：真的吗？现在的学历歧视这么直白了吗？

过了好久她回复：没办法，虽然不会明说，但这就是现实。

要在上千份简历中找到一两份最好的，与其花更多时间去"大浪淘沙"，不如去重点大学挑更好的学生，这样"简单粗暴"的筛选方式，某种程度上的确可以让用人单位最大限度地节约时间和成本。

我想起了毕业那年听过的很多拒绝："我们只要985的学生。""我们只在这几所高校招人。""不好意思，你的专业不太适合我们公司。"……

学历代表一个人的过去，确实是一个无法动摇的现实。Edith 告诉我，即使是985学校的学生，也不会全被大企业招走，大企业还要优中择优。

受学历困扰的，还有认识的一个姑娘豆豆，普通家庭出身，自认长相一般，但她有一个大梦想——出国留学。

大学毕业，她一个人到深圳闯荡，一边工作一边学习。因为就读的并非名校，学的也不是热门专业，工作很难找，四处碰壁，好不容易在一家小公司找到销售的职位，一个月只能拿到三四千元。

为了省钱，她选择住地下室，下了班到餐厅兼职，每天又忙又累，但她从没忘记出国留学的梦想。只要有时间就去图书馆上自习，晚上到家已经很晚了，还要再看一会儿书才肯睡觉。

为了快速提高英语水平，空闲时间，她常常去老外扎堆的酒吧，用蹩脚的英语跟人家尴尬地聊天。

有一次她在餐厅兼职的时候，差点儿晕倒，手里的盘子摔碎了。经理看她脸色不好，问她是不是没休息好，她不好意思地说昨晚睡得比较晚。

经理抱怨了一下，说年轻人不要熬夜玩手机，身体重要。她保证绝不会有下次。

后来，凭借着一股不服输的劲儿，她成功地获得出国留学的机会，实现了自己的梦想。

身边的人这才知道，她每天顶着黑眼圈上班，不是因为晚上玩手机，而是在背书；周末大家聚会，她总不来不是因为自卑，而是在默默努力；每次人家讨论电影的时候，她不参与，不是因为她不懂，而是她真的没时间去浪费。

这就是一个普通女孩儿逆袭的故事。起点低不可怕，成功人士的名单里，有许多起点低的人。

逆袭的故事真的很燃，但是燃尽了围观的激情，回馈我们自己的依然是迷茫的现实。

有人道出了来自同一个世界的同一种苦闷和焦虑：我没有皇城根下的家，也没有留过洋的爸妈。我只能咬着牙拼命学习，在千军万马中挤破头，换来一个国内普通的大学，而我还要拼命努力，才能换来一个普通的人生。

**很多人的焦虑和不甘，不是因为穷，不是因为不够聪明，而是相信成功和幸福只有一种：进了名校和名企才能出人头地。**

为什么很多人如此在意知名大企业的招聘？大概除了福利好、工资高、名头响亮之外，在很多人眼里，知名大企业就是职场的高起点。

就像高中老师们总说"上了好大学就能找到好工作了"一样，名校和名企之间总是有"门当户对"的对接，非名校"出身"的学生想找到好工作总是更难。

但人生是一场漫长的马拉松，不是百米冲刺，并不是考上了名校，人生就如鱼得水了；没考上名校，人生就仅此而已了。名校只是你被别人看到的一种门面，自己的人生还得扎扎实实过好。

那些高学历的人总是很优秀，不是因为他们的名校标签，真正的原因是越优秀的人越懂得提升自己。正如 Edith 所说，那些本身已经很优秀的人，他们还总是比大多数人更努力。


## 人生每过一个阶段，都有人主动退场

初始装备不会影响最终的结果，无非就是开局比别人难打一些。但当你锻炼出可承受王冠之重的能力，又何须恐慌有赶不上的路和追上的人呢？

人生每过一个阶段，都有人主动退场。最后的赢家，不是一开始跑得快的人，而是为数不多坚持跑下来的人，所以真正重要的是你持续努力的能力。


中秋节当晚十二点过后，李鸣鹿的同事收拾好笔记本电脑和他告别，彼此笑笑，没有特别的言语。同事走后，整个开放式办公室，只剩下李鸣鹿的座位还亮着灯。

他打开朋友圈，一派热闹的节日气氛加重了他的疲惫感。提交完当天的工作报告，李鸣鹿打开了邮箱，那里躺着一封一个多月前就写好的辞职信，犹豫了几秒钟，他按下了发送键。

那犹豫的几秒，李鸣鹿想了很多，到目前为止人生一直顺风顺水。为了有更好的发展，放弃了理想来到现在的公司，一干就是三年，算是成功的，但也是真的累了。尤其看到热闹的朋友圈，越发感觉自己的生活除了工作，除了往前冲，根本没有任何东西留下来。

现在，他只想好好休息，然后换个喜欢的工作。

这几年，我见证了不少世事发展的变幻莫测。

一些在校时非常优秀的同学，毕业后在大公司拼死拼活奋斗，慢慢地受不了这个节奏，离开了那个行业，选择去做一些相对压力较小的行业，逐渐过上了安稳的日子；

一些成绩一般般的，但是特别不安分、喜欢折腾的同学，选择自己创业，现在已经小有成就；

一些继承家族生意的同学，很多都干不下去，纷纷卖了祖产，破产的也有；

也有一些什么背景也没有的同学，工作之余做一些副业，现在生活也非常幸福……

到底是什么原因让一些学生时代很优秀的人，后来成了特别平凡的人，而又让那些看起来平平无奇的人，后来做出了超出预期和水平的事情？

这不是家境的问题，不是学历的问题，也不是成绩的问题，而是你自己是否有对成功的强烈渴望和为此持续付出努力的韧性，以及马上就去做的行动力。

**人生任何一个阶段的"被筛选"都只是暂时的，别被这些暂时的标准迷惑。一个人的出身可能决定他的起点，但自身的努力才影响他的成就。**

即使你毕业的时候成绩优异获得了一份高薪高压的工作，如果你不是那么野心勃勃的人，那么你早晚会被压力逼迫离开这份工作；即使你学的是理科，如果你热爱写作，那么早晚有一天，你会因为热爱而驱动自己创作。

《小王子》里有一句话："如果你想造一艘船，先不要雇人去收集木头，也不要给他们分配任何任务，而是去激发他们对海洋的渴望。"

渴望来自内心，心态对人的影响特别大。比如有一段时间，我每天都自怨自艾，过得特别沮丧，任何一件小事都能轻易击垮我。工作总是出错，上一秒还劝自己要反省，下一秒恨不得马上辞职。后来调整好了心态，日子又有了盼头。

将抱怨的时间拿出来看书，将吐槽的工夫拿出来学习。就算不喜欢读书和学习，也可以参加各种活动，肯定不会有坏处。你只有将情绪化的时间拿出来，做点不一样的事情，才能成功地跳出来。

最怕的不是你没有逆袭的决心，而是自认为出身寒门，从心里养成"寒门性格"，骨子里的东西永远是最难改变的。

**原生家庭、名校和名企这些前期因素对你的影响程度高低，取决于你个体独立的力量和这些因素影响的力量对比：你个体独立的力量越大，那它们的影响越小；你个体独立的力量越小，那它们的影响越大。**

## 经历才是你完胜的履历

曾经在网上看到一个大学生和教授的对话。

教授问他为什么不好好听课。

"我不喜欢现在的学校。"学生说。

"那是因为学校不好吗？"教授又问。

"是！"学生回答。

"学校不好，难道知识也不好吗？"

学生无言以对。

英雄不问出处，学校本身并不能为人生下限托底，更不能定义人生的上限。

当你抱怨学校烂的时候，真的想过办法去突破自己、走向更好的地方吗？你想要的只是一个名校的头衔，还是真的想学到更多的知识、全方位提高自己的能力？

名校、名企这种平台优势有没有用，我可以肯定地告诉你，非常有用，但是如果你说没有这种平台的支撑，你这辈子就完了，我绝对不敢苟同。

你以为"你和北大只差一个学霸舍友"，但事实上，差的却是一颗"想成为学霸的心"。光想着天上掉馅饼，只会怨天尤人埋怨自己为什么不是官二代和富二代，但当需要学习、思考、实践的时候却退缩了，最后放弃了自己的人生，破罐子破摔。

**一味沉湎于过去是毫无意义的，就像开车的时候一直看着后视镜是很危险的，会出交通事故。**

条条大路通罗马，但是也有一些人，幸运地就出生在罗马。然而人生本来就是变化无常的，出发早、起点高当然是优势，可是一辈子这么长，谁能靠起点熬过一生呢？

人不是赢在起点的，你跟王思聪是一个起点吗？人生没有起点，只有无数个转折点。每一个弯道，都是你超车的机会。

不管你起点有多低，出身有多差，只要你早早地知道自己想要什么，并且愿意为了它排除众议、放得下身段、狠得了心、豁得出去，你终将改变自己的命运。

正如小学成绩决定不了高考成绩一样，你出身的学校也决定不了你的未来。真正能让你所向披靡的，是你面对普通学校，依然提高自己、打磨自己的勇气，不抱怨、不放弃的心态和不断努力、不懈奋斗的激情。

就像那个学生和教授的对话："学校不好，知识也不好吗？"即使处于再差的环境，你也能通过各种办法汲取到知识。

努力可能改变不了既定的事实，但努力可以演变出无数个事实。

这个世界看起来很功利，它不会因为你没考上好大学就对你格外开恩，不会因为你困顿无助就对你特别眷顾，更不会在你坐享其成时丢馅饼给你。它只青睐有实力，有能力，有资格的人。

它既功利又公平，既公正又仁慈，它不一定会因为你的好、你的美而更加善待，但一定会因为你有多努力而更加优待。

美国哲学家吉格斯说："生命可以价值极高，也可以一文不值，随你怎么去选择。"

你可以选择破釜沉舟，也可以选择自暴自弃，无论什么时候，无论外部环境如何，能够拯救你的只有自己，要想看到更美的风景，就要爬上更高的山峰。

我们都喜欢看逆袭的故事，都向往功成名就，但是向上的路一定荆棘重重。你要有足够的信念去突破自我，走到自己向往的地方。

如今，我回想起自己的学生时代，印象最深的就是在自习室里学习看书的时光；回想起工作的这几年，印象最深的也是每一次解决工作难题的时光。

终有一天你会发现，那些因为没有伞而拼命奔跑的孩子，最后都找到了属于自己的屋檐。

为什么和优秀的人在一起，

更容易变得优秀？

## 一个人能走多远，要看他与谁同行

选择和优秀的人在一起，绝不是想着有朝一日要超越他，而是抱团取暖、彼此成就。能看见别人的优秀，是自己优秀的最好证明。

## 乞丐不嫉妒富翁，却会嫉妒比他混得好的乞丐

以前我有一个同事，每天下班的第一句话就是：好无聊啊，去干吗呢？看到别人下班有练瑜伽的，有学烘焙的，还有晒插画作品的，他就来一句，能学出什么名堂来。

另一个同事报了 CPA（注册会计师）考试，他就在背地里奚落她："我们的工作也不需要这个啊，纯属闲的。"

后来，人家顺利拿到了 CPA 证书，还升职了，他又说："不就是一个破证书吗，有什么了不起的。"

**乞丐不嫉妒富翁，却会嫉妒比他混得好的乞丐。那些因为牛人够不着，只能靠酸身边的人来寻找自我平衡的人，通常只不过是还没吃过被竞争和死亡淘汰的亏。**

从小到大，我们都活在比较里。小时候，我们活在被光芒万丈的"别人家的孩子"支配的恐惧里；长大了，我们活在被同龄人碾压的焦虑里，××年薪百万了，××公司上市了，再看看自己，美滋滋吃着辣条，还觉得生活不错。

能不生气、自卑、挫败吗？那些所谓的同龄人榜样，彻底把我们绑架了。最有杀伤力的不是王思聪过得比你好，而是隔壁小聪过得比你好。

前段时间，大家讨论最激烈的就是美团收购摩拜，胡玮炜套现十五亿的新闻，先不说她是不是真拿到了十五亿，"被同龄人抛弃"这种说法确实刺激到很多人。说实话，我很小的时候就被同龄人抛弃了。

印象最深的是上初中的时候，有一次和爸爸的朋友们一起吃饭，一位叔叔的女儿小凡也来了，她大我一岁，学习成绩特别好。还有一位是刚从国外回来的姐姐，叫Jennifer，我一辈子都忘不了这个名字。

席间，不知道谁挑起了话头，让Jennifer姐姐用英语和我们对话。小凡很顺利地接上了话，我听得云里雾里，勉强听了个大概。磕磕巴巴对付几句，就闭嘴了。她们聊得很开心，我坐在一旁尴尬地听着，表面上云淡风轻，内心早就要爆炸了。

为什么Jennifer这个名字让我刻骨铭心？因为那次对话让我羞耻至极。我的自尊心和自信心受到了一万点伤害：明明大家年龄都差不多，怎么小凡的英语那么厉害呢？

这种感觉就像：本以为我们都是普通上班族，结果你突然在市中心买了房；本以为我们都是穷学生，结果你突然创了业；本以为我们都是单身族，结果你突然结了婚……

现在的人年纪轻轻就把中年危机挂在嘴边，还不是因为比较无时无刻不在身边发生。说好一起到白头，你却突然焗了油，多让人沮丧啊！

看见朋友过得不好，我们会难过；看见朋友过得好，我们会更难过。所谓酸的心态，就是一种嫉妒的心理。

什么是嫉妒？就是自己不去努力，不去付诸行动，揪着对方不放，连自己也落得下作，这就是嫉妒。相比努力而言，嫉妒更加轻松。

不过随着自身的成长变化，要是一遇到这种事，还是嫉妒到面目全非，那只能说有些人不是没成熟，而是成熟起来就这样了。

"被抛弃了"无数次之后，我慢慢释怀了，大致保持在三分嫉妒，七分激励的状态，觉得身边有这么厉害的朋友还是很幸运的，看到他们那么努力，自己也不好意思堕落。

真正能促使你快速成长的，正是身边那些比你厉害的人。

我佩服的同龄人有两种品质：第一，不会在荣誉面前飘然，他们稳定地彪悍，持续地优秀；第二，甘愿蛰伏，认准自己的目标，坚持而坚定。他们不会因为羡慕别人而陷入焦虑，也不会因为社会单一而功利的衡量标准动摇。

别人的标准甚至世俗意义上的成功，并不是你的终极目标，谁也说不准命运轨迹会不会慢慢倾斜，真正的超越在于跟自己的纵向比较中成为更好的人。

## 和优秀的人在一起，你能差到哪儿去

前几天看到学妹发了一条朋友圈："每天都进步一点点，这才是最好的生活。"随手翻了翻她最近半年的朋友圈，都是忙忙碌碌的，却无比精彩，充满活力。

参加项目交流会、听专家报告、团队合作攻克难关、庆功会上碰杯的陶醉，以及完成工作时满足的笑容，都透露出一种积极向上的状态。

半年前的她，可是非常迷茫、焦虑、不知所措的。当时她在一家小公司就职，高学历、聪明、勤奋、不服输，三年里业绩持续攀升，深受领导的赏识。

可她还是嫌成长的速度太慢了，像是孤胆英雄，身影太落寞。周围的人安于现状，缺乏年轻人的朝气，整个团队氛围懒散，可供她上升的机会太少，成长空间受到限制……这些都让她失去了方向感，时不时感到压抑。

和她聊天也能感受到她的疲惫，她不是没想过换工作，可是现在的平台很不错，待遇不低，让她一下子脱离出来，她有点儿胆怯，而且心仪的公司人才济济，竞争激烈，她害怕自己跟不上公司的节奏。

我劝她："别犹豫了，和优秀的人在一起，你能差到哪儿去。"

和优秀的人相处，给我最大的感受就是自己也会慢慢变好，见她还是迟疑，我和她讲了一个故事。

大三那年，我们搬到新校区。由于男生少，从别的学院转来一个男生，悲惨的是，这个男生被分到了全院"最有味道的寝室"。

那个寝室很出名，臭气熏天已经无法形容它，每次辅导员查寝都是憋气进去的。可怜的男生，干干净净，小鲜肉一枚，以后的日子真是很难过啊！

他去了之后，用了三个小时把寝室收拾得焕然一新，地面瓷砖可以反光，桌椅整整齐齐，室友从外面回来，连忙道歉：对不起，走错门了。出门后看看门牌，这不就是自己寝室吗？

男生隔两天就进行一次大清扫，也没什么怨言，弄得室友们都很不好意思。

他每天早上七点钟准时起床去操场跑步，然后整理寝室，从未看到他表现出疲态。和每个人说话都很和气，有人找他帮忙，他从不拒绝。

后来，他们寝室又以干净而出名。优秀的人就像唐僧，和他待久了，三个徒弟都弃恶从善了。

学妹说就是那句"和优秀的人在一起，你能差到哪儿去"刺激了她。

辞职后，她进入新的天地，加入优秀的团队，整个氛围都积极向上。她的心重新燃烧起来，每天都有做事的动力，对未来更是充满期待。

环境的潜移默化是非常可怕的，它很大程度上决定了你的眼界和上限。当你身边全都是不思进取的人，你再努力，做到了不思进取中的战斗机又如何。

## 你是否能成为高手，取决于你身边是否有高手

一个年轻人想戒烟，他去看医生。医生听了他的陈述，开了一个方子递给他。

方子上写着："去探望一个戒了烟的朋友，早中晚各一次。"

年轻人很纳闷儿，这算什么方子，又不是尼古丁贴片，也不

是口服药。

医生跟他解释说："要戒除烟瘾，没什么药能比一个朋友的良性影响更有疗效。"

年轻人半信半疑地回去了，几个月后，特地跑回来感谢医生帮了他。

你是谁没那么重要，重要的是你身边是什么样的人。与你同行的人，比你要抵达的地方更重要。年轻的时候认识一些损友没什么关系，但到了一定年纪，你必须有意识地提高交友的门槛。

有一种说法：你是怎样的一个人，大约等于你的五个亲密朋友的平均值。同行的人就是一面镜子，想了解一个人，看看他周围的朋友就知道了。

穷困潦倒的人只会教你省钱，牌友只会催你打牌，酒友只会催你干杯，吃货只能让你继续长胖。

好的同路人就像一张邀请卡，它让你结识牛人，鞭策你进步，让你用它换取更加珍贵的资源；坏的同路人就像煮青蛙的温水，刚开始它让你又暖又舒服，到最后，它能抹杀掉你的全部努力。

有一次和领导出去参加活动，认识了一位老师。他无意间的一句话，竟然解决了我思考很久的问题，整个人一下子豁然开朗了。

活动结束，我发自内心地向他道谢。老师很惊讶，没想到自己一句无心的话会对我产生影响，他说："这些也是我从别人身上学到的，能帮到你真是太好了。"

后来，他又根据我的实际情况，提供给我很多有用的建议。

有些东西已经存在于你的脑海，可能不够清晰，不够明确，跟优秀的人聊一聊，他会唤醒你沉睡的意识，让你少走弯路。

你和什么人交往，决定了你能走多远。如果你想成为某一个领域的科学家，就去请教你能接触到的这个领域最厉害的科学家，问他是怎么做到的。

如果你想要成为一名优秀的演员，就去请教以演技出名的演员，问他们是怎么塑造角色的。

如果你想要高考考出一个好成绩，就去请教年级里学习最好的人，他的学习方法是什么。

不管你的工作环境如何，你都可以在某个领域找到比你优秀的高人，向他学习、取经，你会借力，成长就是这么简单。

在美团收购摩拜这件事上，不怕你被抛弃，只怕在这场论战中，你只看了个热闹，贡献了流量，而自己却一无所获，这才是最要命的。对胡玮炜来说，当初最明智的决定，就是选择和有多次成功创业经历的李斌一起创业，这就是会借力。

借力，绝对是一个聪明之举。犹太人常说的一句话是"借别人的金鸡为自己生蛋"。依靠自身的努力只能给你带来有限的能量，而通过借势乘力你将得到外界的无限能量，离成功更进一步。

**努力当然很重要，但人生是有限的，而努力是无限的，如果你有高人指路，为什么不用呢？"年轻人一定要靠自己"是一句很偏颇的话，每个人起飞都需要跳板，你不仅要学会靠自己，还要努力找到属于自己的那块跳板。**

与优秀的人同行，就像打在你身上的一束光，你只会努力锻造自己。因为他们就是你看得见的压力、高度，也是一条来渡你的船。

不必担心他们会瞧不起你，这样的人都有一种品质，他们会保持内心的光，因为不知道谁会借此走出黑暗；会保持内心的修养，因为不知道会影响到谁。

和勤奋的人在一起，你不会懒惰；和积极的人在一起，你不会消沉。与智者同行，你会不同凡响；与高人为伍，你能登上巅峰。

和什么样的人在一起，就会有什么样的人生。你不一定会因为这样的接触就赶超了别人，但是你会领先于原先的自己十条街。

> 为什么有的人无论做什么都
>
> 能成功？

## 你的日积月累，终将变成别人的望尘莫及

"你必须用尽全力，才能看起来毫不费力。"这句话应该反过来说，"所有看起来的毫不费力，背后都是用尽全力。"

## 真正优秀的人，都敢对自己下狠手

我刚认识小雪的时候，就知道她是一个非常优秀的女生。长相漂亮，身材佳。大学毕业后，她成功申请到了公费留学，回国后顺利找到一份心仪的工作，看起来一切都很顺利。

她的朋友圈，堪称一场盛大的嘉年华。要么在自驾，要么在旅游。最夸张的一次，她去印度，静修了半个月。忙碌的工作，似乎一直和她无关。

难怪朋友圈里都是说她运气真好，好事都让她一个人占了这种充满羡慕和嫉妒的评论。

然而，和她打过一次交道后，我马上推翻了这样的结论。

有一次，我帮她送东西回家，她邀请我去她家坐坐。她忙着把东西放好，让我自便。环顾四周，最显眼的地方放着一张很特别的照片，照片里是一个又胖又黑的姑娘，仔细一看，才发现就是小雪本人。我实在无法把照片里的姑娘和现在的小雪想象成同一个人。

正好她忙完了出来，看见我盯着照片，就笑嘻嘻地说："不用怀疑，就是我，我故意放在那里提醒自己。"

大学时期小雪一边学习，一边做家教挣钱，其间她还多学了一个学位。别人的大学都在泡吧、逛夜店，只有她躲在自习室认真地啃那些枯燥的专业书。

然而，刚出国留学，还没适应当地环境，她的父母就离异了，男朋友也背着她劈腿了，双重打击之下，小雪扛不住了，暴饮暴食不说，学业也荒废了不少。

有一天无意中看见镜子中的自己，黑黑的，胖若两人，她被自己吓到了。痛定思痛，逼着自己锻炼、减肥、学习，终于一切都回到了正轨。她做好了未来十年的职业生涯规划，还一步步付诸行动，稳扎稳打。

她说印象最深的是有一年年末，临近过年，部门里的其他同事都提前回家了，只剩她一个人留守，可有一个客户临时提出要修改方案，当时还有大把工作积压着，瞬间要压垮她了。

但她什么都没说，沟通好具体要求和细节，直接连夜赶了出来。方案过了，她却病倒了。病倒后的她还在坚持工作，手背上输着液，手指敲着键盘……说到这儿，她忍不住嘲笑起自己当年狼狈的样子。

为什么有的人轻易就把你想要的一切都拥有啦？

因为他们为之挥汗拼命的时刻，你都看不到。你只知道眼前这个姑娘自给自足、学历高、收入高、很争气，挎着香奈儿包包对你莞尔一笑，你看不到她所有深夜痛哭的时刻，你不知道她在哪里跌过跤，伤口有多深。她熬过来了，才有了今天。

我们总是想当然地以为别人的好运里没有努力的成分，总是习惯性把别人的优秀当作先天条件，或者宁愿选择相信别人走了捷径，却不愿承认每一份成功背后都是我们企及不了的付出。

"她升职，还不是因为长得漂亮？"
"她最近越来越美，状态越来越好了，不会是整容了吧？"
"她毕业才两年就拎得起 LV，不会是被包养了吧？"

走捷径的人从来都不少，但踏实努力的人更多。你总是看到别人身上光鲜亮丽的部分，认为他运气真好，走路都带着风，但这些看似开挂的人生，都是因为他们敢对自己下狠手。好运气从来都是实力派的谦辞。

## 所有你看见的好日子，背后都是苦日子

表弟前段时间大学毕业了，处于忙碌找工作的阶段，但面试时屡屡受挫。

前几天去他家，看见他正"葛优瘫"躺在沙发上玩手机。

玩到一半，突然跟我说："我那个大学同学真的开挂了，毕业前收到了好几封五百强公司的 offer，他怎么那么幸运，真是羡慕死我了。"

我都不知道这是第几次听他说这样的话了，台词基本没变，就是羡慕的对象换了一个又一个。人类天生爱比较，爱算计斤两：命运分给我的粥，凭什么就比别人的稀一点呢？

羡慕没用，你得行动。你不能只看到别人开挂，自己却躺在床上懒得动，不然你永远只是那个一直仰望别人的路人甲。

每一次，当你控诉生活对你多不公平时，抱怨自己的出身多不好时，羡慕别人多幸运时，先别急着埋怨"凭什么别人什么都有"，静下心来想一想"为什么别人什么都有"。

请问，别人在图书馆奋笔疾书时，你在被窝里酣畅地睡懒觉是怎么回事？

别人在健身房汗如雨下时，你在空调房里怡然浏览着社交软件是怎么回事？

别人在为了深造报班考证时，你在商场里愉快地花钱，流连忘返是怎么回事？

那你凭什么开挂？所有开挂的人，都为他们手中的好时光，闷头努力过很久。而你呢？

世界的残忍有很多面，其中最可怕的一面就是：有些人明明出生就到终点线，却依旧努力到让你汗颜。

身边有太多人，永远在为现状焦虑，却又没有毅力去改变自己。永远是三分钟热度开始一件事情，然后不了了之，总是抱怨自己不争气，坚持最多的事情，往往就是坚持不下去。

这样的后果，就是以普通人的身份埋没在人群中，继续过着纠结煎熬的日子。

**20% 每天早起、自律、勤奋、独立思考的人，总能分走更多的奶酪；而另外80% 的人，当奶酪送上门的时候，他们也许正在打游戏、刷视频、做美梦，刚好错过了敲门声。**

我从没见过一个不努力的人，突然横空出世，瞬间人生就开挂了；我也从没见过一个人，轻轻松松就活出了别人仰望的高度。

只有一种人，才能收获高配版的人生：他们既能独立思考，也能不断进击；他们既能苦熬，也舍得对自己下狠手。

《肖申克的救赎》里有一句台词："有些鸟是关不住的，它们的羽毛太鲜亮了。"所以别做高墙里的困兽，要做就去做一只飞跃高墙的鸟。你会发现，原来自己也能活成别人羡慕的样子。

## 那些从容淡定，都是许多次急火攻心换来的

每个人的青春，无论是穷得吃土，还是红得发紫，都少不了背后的痛苦和挣扎。

最近，听说大学同学 KK 创业成功，年收入过百万，朋友圈日常交往的人，都是我们叫得上来名字却又可望而不可即的人物。

他有这样的成就，丝毫不让人意外，这些都是他应得的。

三四年前的他，还是一个二线城市的小学老师，年收入不到十万，每天兢兢业业给学生上课、批改作业，下班后和朋友们喝啤酒吃海鲜，日子过得安稳舒适。

夜深人静时，他却常常觉得空虚，怀疑人生的价值所在。

后来，他不想再继续那种一眼就能望到头的枯燥生活，果断辞了职。开始一边学习，一边寻找机会。在取得人生第一桶金之后，快速抓住商机，将自己的事业版图一点点扩展开来。

能取得今天的成就，除了他在适当的时候抓住了机遇，最主

要还是得归因于他这几年的努力。

每天早上五点起床工作，晚上十二点前从来没睡过；连续三年，除了春节回家住几天，平时从没给自己放过一天假；每天坚持健身，吃少油少盐的健康餐。

现在的他，不仅日进斗金、事业有成，个人形象方面，也完全符合精英人士的标准状态：体型匀称、精神抖擞、不颓不腻，十足的人生赢家。

我们总会感慨："成年人的世界里，没有'容易'两个字。"但很多人都是说说而已，借此抱怨一下周遭的环境，感叹一下命运为什么单单对自己不公，然后更加心安理得地安于现状。

越接触身边优秀的人，越容易发现一个规律：那些开挂的人生，无非是身体和灵魂都坚持在路上奔跑。

所有的战无不胜，都源于百毒不侵；所有的人生开挂，都只不过是厚积薄发，唯有如此，你的日积月累，才会变成别人的望尘莫及。

就像你途经了一朵开得格外灿烂的花，你说真漂亮，但你只是途经了花的开放而已，它曾如何扎根土壤，如何抵抗住暴风雨的侵袭，如何千万次想放弃又千万次重新拾起，这些你都不知道。

对于那些成功开挂的人来说，最好的褒奖，并不是"你幸运"，而是"你努力"。

对于还有梦想，依然在职场里打拼的人，我想说，你可以在老板走近的一瞬间关掉聊天工具和游戏界面；你也可以在老板让你加班的时候，编造出五花八门的理由去和闺密聚餐、血拼；你甚至可以到处吐槽老板如何压榨你。但是所有你糊弄的、不重视的、消极处理的，无论多么细微，都会作用在你的未来。

在这个社会，你绝不会因为一分努力就有资格在奢侈品店随便刷卡，也不会因为两分努力就能体面生活在 CBD。你只有拿出十分努力，才有机会过上理想中的生活。

童话有时候是骗人的，灰姑娘想要变成公主，光有水晶鞋早就不够了，还要有舞会请柬，还要有一辆贴着"皇宫特别通行证"的高级马车。

所以，既然不是天生的公主和天生的王子，那就好好工作，努力打拼吧。别羡慕别人拥有什么，要羡慕就羡慕那些和你一样一无所有，却能把一无所有的生活过得像拥有全世界一样的人。

为什么有的人霉运连连却没有霉相？

## 别人生气伤肝，你生气伤脸

　　你的脸上隐藏着你的过去，昭示着你的未来，你怎么能忽视？我多怕你生过的那些闷气，会变成你脸上的表情。你可以有霉运，但不要有霉相。

## 谁没被生活欺负过，只有你把痕迹留在脸上

有人说："世界上有三种东西是无法隐瞒的：咳嗽、贫穷与爱。"我觉得还应该加上一种，就是面相。

有一次坐公交车，目睹了一场不大不小的吵架事件。

当时，公交车正好进站，等车的人挺多，见车一停，大家一窝蜂挤上来。车刚一启动，就吵起来了。

因为离我有一段距离，我仔细听了一会儿才弄明白发生了什么事，原来是一位小姑娘和一位大姨因为上车时推搡了一下而互看对方不爽。

大姨说小姑娘不懂事，好心让她先上车，却被她埋怨；小姑娘说大姨为老不尊，推她，不让她上车……总之越说越难听，旁边人怎么劝也不行。

小姑娘怒目圆睁，一句不让；大姨也不甘示弱，超凶。毕竟胜在年轻，一番唇枪舌剑下来，小姑娘丝毫不喘，而大姨却有点儿吃不消了，上气不接下气，脸都气得没有血色了。

小姑娘翻了一个白眼，说了一句："上车方世玉，车上林黛玉。"大姨一听，更来气了，要冲过去理论。

可惜，我到站了，没法围观了，不知道她们最后吵到什么程度。

情绪就是心魔，你不控制它，它便吞噬你。罗伯·怀特曾经说过："任何时候，一个人都不应该做自己情绪的奴隶，不应该使一切行动都受制于自己的情绪，而应该反过来控制情绪。无论境况多么糟糕，你应该去努力支配你的环境，把自己从黑暗中拯救出来。"

现代社会压力大，很多人动不动就情绪失控，让人避而远之。最近学到一个词，叫"天然烦"，顾名思义，天生烦躁，做什么都很烦的样子，一不小心就会反映到脸上。

前两天，我陪妈妈去街道办事。当时有两位工作人员负责接待，差不多都是三四十岁的年纪。手脚麻利，办事效率很高。唯一不同的是，给人的感觉天差地别。

其中一位工作人员看起来凶神恶煞，暂且叫她"天然烦"。处理问题稳准狠，一针见血，就是脸上的表情不太好，没有笑容。有一位老奶奶怎么讲解也听不懂，"天然烦"有点儿生气了，眉头紧皱，语气更是冷冰冰。

而帮我妈妈处理问题的工作人员态度就好多了，暂且叫她"天然美"。她总是保持微笑，语气平和，讲解事项也很有耐心，让人心情舒畅。

我仔细观察了一下，"天然美"和"天然烦"都属于很耐看的样子，但是"天然烦"给人一种生人勿近的感觉。

**对一个人来说，最可怕的不是被岁月带走如花容颜，而是生出怨毒，长成一张貌似刚毅，实则凌厉的脸。**

一个人的面相，一部分是先天的，另一部分是自我性格和情绪成全的。所谓相由心生，就是这个意思。你内心怎么想，你的表情就怎么表达，而长期表情的塑造，会固化在你的脸上，这是靠整容也无法改变的气质。

心理学家曾经说过，一个人如果长期不笑，肌肉萎缩，偶尔一笑，吓人一跳；一个人若是热情洋溢，总是面带微笑，到老了，脸上的纹路也都是慈眉善目的。

生气是一个死循环，自己设的局，自己掉坑里，自己喊着"出不去"，要别人帮你，可你却不愿意站起来，最后你发现，周围都没人了，世界只剩自己。如此看来，用生气来解决问题的性价比，实在是不高。

我强烈建议你控制一下负面情绪的增长速度，因为生气伤肝，这是医学上的问题，谁也没办法，但它更伤脸，负面情绪会直接影响一个人的气质。

## 你可以有霉运，但不要有霉相

这两年，对琴姐来说是很糟糕的两年。家里四个老人轮番生病，自己只能辞职照顾，老公的事业也不上不下的，生活的节奏完全打乱了。

每天在医院和家里两边跑，感觉整个人都被掏空了，累得只想倒头就睡。对什么都没有兴致，连衣服都懒得换，更别说化妆打扮，一照镜子仿佛老了十岁。

有一次要参加婚礼，觉得应该稍微打扮一下，结果打开衣柜一看，全是黑色的衣服，挑来挑去都挑不出一件喜庆一点儿的。好不容易挑出一件连衣裙，精气神却一点儿都不像是挎个包就能扩大气场的样子。

这才发现，自己沉溺于痛苦和不如意太久了，久到自己的状态和喜好都被无意中改变。

一直消极对抗，把自己搞得灰头土脸，状态也越来越差，整个人散发出来的负能量，让别人看着不舒服，甚至连自己都开始嫌弃自己。

于是琴姐重新振作，每天坚持梳洗打扮，就算不出门，也依然化好妆，带着好心情迎接每一天。

有一天看着镜子中的自己，好像恢复了往日的神采。那一瞬间觉得，生活也没那么让人绝望，至少表面上看起来，又恢复了往日的状态和活力。仅仅是外表上的一点改变，竟然有如此大的力量。

有一句话说得没错：你可以有霉运，但不要有霉相。当你以容光焕发示人时，你的好运气也会随之而来。

有些人的常态表情好像永远是哭丧脸，让人难以接近或者根本不想接近。

别人看到她状态不好，劝说"买件新衣服吧""洗个澡好好打扮打扮心情就好了"，她们反而会说，"我都结婚了打扮给谁看啊""我哪有那个心情啊"。然后整个人陷入一种悲观丧气的状态不能自拔。这就是典型的有霉相。

相反有些人永远是笑呵呵的样子，见到她就觉得如沐春风。

"爱笑的女孩儿运气不会太差"这句话是有道理的。那些整天把霉相挂在脸上的人不会明白，很多人并不是天生就是乐观派，不是天生就什么倒霉事都遇不到，只是他们更善于面对和转换。他们把自己的郁闷和忧伤藏起来，留给世界一个灿烂的笑容。

这世上总不乏每天朝九晚五的行尸走肉，也有每日宅在家里的精神行者，你的生活状态不足以影响你对完善自我的追逐，乐趣与

**骄傲才是你对自己人生最好的交代。**

你关注什么，就会把什么吸引进你的生活。如果你一直关注不好的和负面的，那么更多不好的和负面的就会被你吸引过来。

越是心情不好的时候，越应该多关注自己。对着镜子给自己一个笑容，买一件新衣服，梳洗打扮得美美的，你的心情会随着外在的变化发生微妙的改变。

很多人说："我都这么倒霉了，还要装作心情很好的样子，多累多假啊！"非也非也，所谓的装并不是虚伪的包装，而是刻意的武装。

很多时候装的时间长了，自己就慢慢习惯了，整个人的状态也会不由自主地好起来。

每个人都会经历一些所谓的倒霉或者磨难，在那些黯淡无光的日子里，你并非一定要以悲苦之色示人。

换种心态，换种形象，也许就会换了运势。想要让自己运气好，首先从外表做起。一个人的脸，藏着他的运气，当你精致、整洁、自信、美丽，好运就离你不远了。

## 你的样子如何，你的人生也必然如何

我并不是外貌协会的会员，鼓吹唯外貌至上论，但是不可否认，这是一个看脸的时代。

一个人有两种颜值：一种是物理颜值，一种是精神颜值。物理颜值靠基因，取决于父母。精神颜值可以后天修行，取决于自己。一个人虽然无法决定自己的物理颜值，但可以决定自己的精神颜值。

精神颜值是岁月、时光在脸上刻画出的气质线条。你给别人的第一印象，和你相处的人的感受，都是你精神颜值的表现之处。精神颜值好，是一个人的软实力，也是一个人无形的资本，它会以你意想不到的方式给予你更多的机会和资源。

**没有人会透过你邋遢的外表，关心你高尚的灵魂，是一条真理。同样，也没有人会不顾你的坏脾气，去关心你的灵魂是否温柔。真的不能怪别人以貌取人，毕竟内心太远，而脸就在眼前。**

脸的模样是父母的责任，脸上的表情是自己的责任。内在美固然重要，但外在美却是别人认识你、了解你最好的途径。

以貌取人绝对科学。性格写在唇边，幸福露在眼角。理性和感性寄于声线，真诚和虚伪映在脸上。站姿看出才华气度，步态可见自我认知。表情里有近来心境，眉宇间是过往岁月，衣着显审美，发型显个性。

真正的好看并不单指外貌，而是你的内心反映在你脸上的那种气质。与其靠外力修脸，不如多修心。阻挠"美"的，从来不是年龄，而是心态。

你的脸就是一张履历表。从牙牙学语到灿烂青春，再到中年岁月，几十年来做过的事、说过的话，闪光动人之处都点滴积攒于心，然后逐渐改变你的表情和气质。

经验的密度、知识的密度、思考的密度……驱使它们去创造、实现行动的密度。你的脸就靠这些内在的累积，一点一点地被改造成与往日不同的形貌。

你怎样对待生活，生活就怎样对待你，最终都会呈现在你的脸上。脸就像人生记事本，虽没有文字，却将人的经历和人的品性一一呈现。这种呈现用再贵的化妆品都无法修饰，用再高超的整容技术也无法遮掩。

莎士比亚说："上帝赐予我们一张面容，而我们为自己造就另一张。"虽然上天对一个人的外貌只掷一次骰子，从出生那刻就决定了你是不是一个漂亮的人，但你依然可以决定接下来要不要做一个好看的人。

这辈子，爱错了人，入错了行，大有人在。怀才不遇，运气欠佳，也为数不少，能够一帆风顺的人总是少数。人生不如意十之八九，本是平常事，否则"久旱逢甘霖，他乡遇故知，洞房花烛夜，金榜题名时"，就不会显得那么弥足珍贵。

如果抱怨改变不了现状，不如说一句"好的"，然后转身去改变。


这是一个看脸的世界，更是一个对美越来越有包容性的年代，美是一件幸福的事，开怀大笑的你是美丽的，自信的你是美丽的，美而不自知也是美丽的。

跟风的"漂亮"有人为的定式，而真正的美丽是没有定义的。

即使曾被生活暴打千千万万遍，但愿你不要因此长成一张被生活欺负过的脸。你要自带傲娇的表情，美美地、理直气壮地活下去。

如何避免成为"积极废人"？

## 你的主要问题在于，不思进取还想得美

世界上有另一种"英雄主义"：就是把"什么也不想干，反正什么也干不成，不如什么都不干，专心等着一夜暴富或地球毁灭"称为"按自己喜欢的方式过一生"。

## 你可以闲一阵子，但不可能舒服一辈子

生活就像被遛的小狗，有莫大的热情和冲劲，却总有一股力量拽着自己，时不时就有"我不想努力了"这种念头出现，让人既惊慌又内疚。

由此，横空出世一个新词——"积极废人"。这类人的特点是：口头上积极乐观，行动力却永远跟不上；制订过无数美好计划，能坚持下来的却屈指可数。

就像两个小人儿在你脑子里战斗，一个小人儿是及时行乐的专家，他唯一的目的就是获得最大的愉悦，同时尽可能地偷懒；另一个小人儿是你人生中的小教官，他一直向前看，一直关注着目标和远景——常常令人精疲力竭。几乎每天早上睁开眼睛，这两个小人儿的战斗号角也随之吹响。

积极废人日常表现形态就是间歇性踌躇满志，持续性混吃等死。

乐乐前一段时间就经历过一段非常舒服，又非常焦虑的日子。

上班很舒服，没人管，每天花两三个小时胡乱地把工作做好，然后就是煲剧。下班回到家继续煲剧，国产剧、美剧、英剧通通不放过，就快剧荒了。看累了就玩手机，反正一刻也不闲着。

睡觉前一遍遍地刷新微博和朋友圈，刷得越多，越感觉空虚，

整个人都是飘着的。

周末宅在家里吃着零食，继续追剧，困了就睡。就是不敢闲下来，一闲下来就会胡思乱想，常常焦虑和迷茫，甚至有些讨厌不作为的自己。

奇怪吧，那些最终让你陷进去的东西，一开始都是很合适、很方便、很舒服的。

可怕的不是自甘堕落，而是堕落的时候非常清醒。明知道这样做会毁了自己，会让自己的生活变得越来越糟糕；明知道这些道理，头脑也足够清醒，但就是不想改变。

乐乐曾经试图关闭手机，远离电脑，却总是坚持不了多久，如中毒般难以克制。心情好了像打兴奋剂一样发奋几天，然后就是实力上演行尸走肉。曾经那么苗条的一个姑娘，现在最少胖了二十斤。

这种自我放弃的行为总让我想到一句话：有些人二十五岁就死了，但是要七十五岁才被埋葬。

很多人一年到头总有三百多天不想工作，有各种理由为自己开脱，有的人干脆自暴自弃，得过且过，浑浑噩噩地挨日子。

真正大器晚成的人，前期都在蓄力，而不是在等死。那些间歇性努力的人，注定持续性一事无成。时代抛弃你，何止连一声再见都不和你说，还会反手给你一耳光，说你"想得美"。

突然不想努力的时刻每个人都有，只是时间长短不一样。有的人放空一段时间，很快就重拾心情，满血复活；而有的人借着不想努力的口号，完全放飞自我。井底之蛙的可怕，不在于坐在井底而不知井外的天空，而在于它们拒绝跳出这口井。

表面过着与世无争的生活，其实早已危机四伏。上班以混日子为目标，下班以混日子为目的，那就不要怪生活把你撇下，也不要怪时运不济。是你的选择造就了现在的你，你的态度决定了你将来的位置。你的努力永远不会是无用功，而你虚度的时光只会一去不返。

世界不会原地等一个人，对于不努力的人，世界抛弃他，这不是残忍，而是公平。

## 不怕你年岁渐增，就怕你自废武功

前几天，偶遇前公司同事，没聊几句，就开始抱怨老板对他不好。他来公司五年了，兢兢业业，勤勤恳恳，可老板死活不肯给他一个副总的职位。他每天还要和"90后"一起打卡上下班，报销交通费要一项一项申请，出差也只能选二等座高铁。

为什么对老板不满？他的理由让人哭笑不得：因为在他之前，部门里每一个三十五岁的人都当上了副总。的确，老东家精英辈出，三十五岁当上副总的比比皆是，可那不是因为三十五岁。

正相反，那些人从来没把自己当成三十五岁的人。他们和年轻人一样拼命，该学习的时候学习，该吃苦的时候吃苦。据我所知，该同事每天六点踩着点下班，午休一睡就是两个小时，同事们都看不下去了，假装咳嗽才能把他叫醒。

他有一句名言："到了我这个岁数你就懂了，没有一份工作值得拼命干。"每次他一说这样的话，大家都默默扭头走开。

他还有自己的一套逻辑：我来公司这么多年，没有功劳，也有苦劳。我在二十几岁时，成天加班，兢兢业业熬到三十五岁，休息休息怎么了！

职场没有应该升职的年纪，只有配不配升职的人。有本事的人，二十几岁就可以进管理层；没本事的人，过了三十五岁依旧是普通员工。

有些人喜欢在职场混日子，工作顺手了，套路摸透了，人脉打通了，老板却完全没有给自己升职加薪的意思。谈吧，开不了口；不谈吧，又觉得亏。所以一边抱怨公司抠门儿，一边消极怠工。

有人说，我在公司工作了这么久，也这么熟悉这块业务的运作，正所谓做生不如做熟，老板不会这么容易开除我吧。可是，拥有十年的工作经验和将一年的工作经验用了十年，这是两种完全不同的工作状态。

很多人面临这样的状况：在公司工作十几年，拿着上万的薪水，然而实习生半年内就能全盘接手他们的工作，薪水却只需一半。

看起来占了公司的便宜，其实是要还的。因为你的薪水很难再降回几千块，长此以往，倒是让你走人的概率大得多，而重新找工作的话，基本上找不到匹配当前薪水的工作。

职场不是存钱罐，二十岁拼命往里塞，三十岁开始躺着花。二十岁有二十岁的努力，三十岁有三十岁的勤奋，你不能在三十岁的时候邀二十岁的功，因为没有人会为你的资历买单。

**别再动不动就把"年纪大了"挂在口边，你过得油腻颓废，身材走样和年纪没有丝毫关系，不过是"懒"而已。**

没有一份工作是不辛苦的，也没有一个年纪是不应该努力的。

看着那么多比你能吃苦还比你更努力的人，真心没办法理直气壮地说自己有多好。

有时候，你得学着忘记年纪和资历，你要明白一个最简单的道理，到了哪个岁数都一样，你的能力要配得上野心，你的态度要配得上欲望。


## 你三十岁了，二十岁的借口好意思用吗

前段时间，我被大爷大妈们"扎"了一刀，别害怕，只是一种非常夸张的说法，但是足以表达我内心受到的一万点暴击。

事情的起源是，阿里抛出四十万年薪，招聘"淘宝资深用户研究专员"，重点是，要求年纪在六十岁以上。

此事一出，整个网络都沸腾了。网友也坐不住了："什么？我爷爷奶奶薪水要比我高了！"

什么样的大爷大妈符合招聘要求呢？

六十岁以上，与子女关系融洽，有稳定的中老年群体圈子，在群体中有较大影响力（广场舞 KOL、社区居委会成员优先）；一年以上网购经验；爱好阅读心理学、社会学等书籍；热衷公益事业、社区事业；有良好沟通能力、善于换位思考、能够准确把

握用户感受，并快速定位问题……

最后有十位大爷大妈成功入职阿里。其中八十三岁的李奶奶是清华学霸，她是十几个群的广场舞 KOL，经常组织线下活动，六十二岁的曾爷爷不但会做 PPT，还能熟练操作 Photoshop。

再对比一下自己，惭愧吗？ PPT 早就忘了怎么用吧！

看完之后我不禁感叹，我们这一代，再不努力，别说要被00后超越，马上就要先被50后超越了。有时候，越长大越没有人原谅你，听起来很残酷，却也很有道理。

说回那位前同事，几年前就走在了潮流的尖端，一直佛系养生。带的徒弟全部都是散养模式，有什么工作就让徒弟们看着办，自己优哉游哉地品着茶，日子倒也美滋滋的。

可苦了跟着他的徒弟，遇到问题，只好跑去问其他同事，又不好意思耽误人家时间，做出来的东西经常错漏百出。

领导问责，做师傅的就说一定会好好教徒弟。其实，他根本什么都不会。

后来，大家都知道他是什么人，都不太愿意和他共事，也没有徒弟让他带。他还觉得挺高兴，不用干什么活，还能拿到工资，多好啊！

迟早有一天，我们都会变成职场老前辈，但是只有年龄到了，脑子和见识却没到老前辈这个级别，这样的反差也是挺可怕的。

**小吴变成老吴，需要五到七年的时间，而老吴变回小吴，只需要一个行业冬季。如果职场里有什么秘密，大概就是你对自己越挑剔，你就越不可替代。**

你当然可以随时随地摆出天真无邪、不谙世事的模样，可事实就是，年纪越大，越没人原谅你的不成熟。

岁月真正的可怕从来都不是腰间的肥肉和眼角的鱼尾纹，而是世界对你越来越小气。

少不更事，你说你不知道、不会、不想努力了、太累了，很容易被原谅，毕竟年轻人犯错，连上帝都会原谅他。可是三十几岁了还犯同样的错误，那就太低级了。

不是所有的事都可以归因于那时年少，你已经过了桌上有鸡腿就能吃到的年纪，也已经过了犯了错别人会原谅你的年纪了。

二十多岁的人，特别容易往两个方向走，要么越来越丰盈，越来越有生气；要么越来越无趣，与外界异常疏离。最起码你要踏出第一步，去想想：还有什么技能可待挖掘？还有什么渴望没有实现？还有什么兴趣点从未踏足？

所谓"佛系"，从不意味着颓丧、懒惰、得过且过。能够支撑一个人的，不是浮躁、焦灼和自责，而是喜爱、擅长与甘愿。

人都是被逼出来的，你现在还有力气矫情呻吟，还有时间一边刷着手机，一边求救如何治疗懒散，那是因为你还闲得慌，你肩头的压力还不足以让你惊醒。

当你一人吃饱，全家不饿的时候，你有得过且过的资本。可当你每个月有几千元的房贷，有孩子的尿不湿、奶粉要买，有高昂的幼儿园学费要交，有老人需要赡养……就不会有时间矫情了，这种实实在在的压力会逼着你去赚钱，逼着你去努力。

真正让人变好的选择，过程都不会舒服，什么都不做确实比较轻松，但只是一时的快活，等着你的可能是无比灰暗的人生。

希望有一天，如果你对现在的生活不太满意，能有勇气和本事从头再来。

你弱，岁月就会变成一把杀猪刀，将你慢慢杀死于无形；你强，岁月就是一把美容刀，帮你塑造出最完美的人生模样。

变成更好的自己后，会遇到
那个对的人吗？

## 像他明天就会来那样期待，
## 像他永远不会来那样生活

错误的开始，未必不能走到完美的结束，人生没有什么事是一定的，都是在碰、在等、在慢慢寻找。爱情是一场永恒的博弈，问世间情为何物，必是一物降一物。

## 爱情里，我们都曾是小心翼翼的胆小鬼

前一阵子，好友佩奇搬家，我去帮忙。

东西还真不少，在打包装箱时，我无意间发现了一本佩奇初中时的同学录。这种流行于二十世纪的奇特祝福册，是我们初次尝试分离时的青涩旁证。

没想到佩奇还留着这个老古董，正当我准备把它收起来时，里面掉下来一张照片，照片上一个男生手拿篮球，笑得阳光灿烂。

我不怀好意地摇着照片问佩奇："这是谁啊？"

"他不就是我暗恋好几年的学长吗？"

当年，为了引起学长的注意，佩奇没少做丢脸的事。

她为了"跟踪"学长，经常出没于走廊、篮球场和学校小卖部，有几次甚至在学长教室的后门偷看他上课睡觉的样子，简直阴魂不散。

假装自己被他的篮球砸到，其实是她自己碰瓷，只是想听他羞涩的道歉；偷偷买了饮料放在他的背包里，看着他把饮料送给别的女生，心碎了一地……当然，这一切都是秘密进行。

渴望与他遇见，哪怕是假装不经意的设计；寻找与他的巧合，全然不顾自作多情的辛苦牵强。

佩奇还沉浸在对往事的追忆中，我忍不住打断她："怎么不直接说呢？这样真不是你的性格！"

"谁还没有胆小的时候了，而且当年那么多人喜欢他，我又那么不起眼，又矮又黑，真心觉得自己配不上他。"

直到学长毕业，她也没有进一步的表示。只是费尽周折终于在学长的同学录里争取到一页位置。

她在小鹿乱撞里故意云淡风轻，给他留言，希望他未来学业有成、梦想成真，就是不敢在那页纸上写下：希望你的未来有我，只有我。

"后悔了吧？"

"才没有，他现在胖得和球一样，差点砸在手里，现在只有庆幸。哈哈！"

爱情里的时机是多么重要，当你以为变成更好的自己再去表白时，那个人早就败给了岁月的杀猪刀。

我们都曾是小心翼翼的胆小鬼。因为胆小，不知道错过了多少惊天动地的爱情。多少人就这么深深浅浅地试探着，明明朝思暮想，却因为害怕失去，而不敢得到。

后来，我们都有一种执念，觉得只有自己变好以后，才能遇见爱情。仔细想一想：很多人谈论爱情时，往往是在谈自己，谈论自己的好与坏。

事实上，爱情来的时候，大部分人都不是自己最好的样子。于是很多人就告诉自己，再等等，等我变得更完美，更好，再去爱。

"再等等"到底是什么时候？"更好"的标准又是什么？没有人能说得清楚。等你终于觉得自己足够优秀了，那个人还在吗？你就是那个一直在准备却没有行动的人。换个角度看，你以为的努力，可能是一种退缩。

谈恋爱就像在打乒乓球，勇敢的人发出吊球、杀球、颠球、线外球等各种恋爱招式，而胆小的却只能默默地捡球。

## 习惯了不期而至，就不敢主动邀约了

当你长时间处于单身状态，周围的人总是比你还着急。他们会问你为什么还不脱单？你到底喜欢什么样的人？

这个时候，你也许会说，长得帅啊、高啊、有学识啊……但是，你真的考虑过什么样才合适吗？最后，你选了最通用的一种说辞"等我变成更好的自己"，当成了"我无法恋爱的理由"中最好用的挡箭牌。

　　偶尔睡前，会在脑海里上演各种小剧场：他大概是什么样子，你们会在哪里相遇，因误会结识还是一见钟情？自己随意操控主角、场景和情节，像导演一场电影。

　　这些便是你想象到的最好的爱情故事，似乎是天注定你们相遇。看似没什么硬性要求，但恰恰是最高的要求。

　　可是，现实没给你做"编剧"的机会。地铁里只有挤不上去的人群，公交站是追不上的末班车，办公楼里男男女女行色匆匆，坐在隔壁的男同事都喊不出名字。想象和现实落差太大，只好决定"不将就""再等等吧""等我变成更好的自己"。

　　于是，"等我变成更好的自己"成了别人询问时敷衍的通用模板，偶尔困惑常年单身时的自我安慰。

　　"谈恋爱啊……随缘随缘。"不止一次听到身边人这么讲，把爱情发生的契机扔给缘分。

　　可谁知道缘分有没有时间呢？等到现在，桃花也没怎么开过，小鹿也懒得撞一下。好像也没那么难以接受，因为自己确实没有为"脱单"这件事情做出太多努力。

　　一直坚信"脱贫比脱单更重要"，所以把恋爱需求安排在工作之后。没有房子就没有安全感，生日许愿时把桃花运换成买房运；忙时忘记恋爱这回事，闲时只想自己待着放松；朋友帮忙介绍，总觉得别别扭扭，说要自己搞定，却又总不想出手。

一旦想要主动时，怕的事情就突然变多：怕尴尬，怕麻烦，怕掉价，怕被指责轻浮，怕被拒绝。

**其实你只是打着"等我变成更好的自己"的幌子，掩盖着不想主动出击的事实。**

好像坐在家里就会有人来敲门，最好小哥哥还主动报备："你好，你最合适的人到了，请签收。"爱情是一件小概率事件，没碰到可能是运气不好，可没买过彩票的人，是没资格抱怨自己从未中奖的。

你太轻视爱情这件事了，潜意识里相信"等我变成更好的自己，就会遇见合适的人"是一定会发生的事。或早或晚，只要时机一到，无须努力便唾手可得。

"合适"是双向的，是你适合我，我也适合你。同样，"遇见"也是双向的，是你遇见我，我也遇见你。两个都在原地等的人，是很难相遇的。

这么大的城市，你不主动出击，至尊宝就算踩着七彩祥云也很难找到你，还有可能半路遇到一个"程咬金"。

也许你不止一次地想过，就这么单身下去也挺好的。最起码省事省心，不用顾及其他人的想法，做自己想做的事情，自己给自己安全感。可总会有那么一两个瞬间，你很脆弱，有想要恋爱的冲动，会期待如果有个人在身边该有多好。

不管是困难时拉自己一把，还是快乐时分享给他，都会让你觉得日子变得更好过一些。所以，如果有想要恋爱感觉的话，不如主动一点儿。

别待在自己的小世界，别抗拒认识新的人，别逃避回应意中人的好感，爱情并不是从天而降、唾手可得的东西。

即使你们之间还有漫长的一百步甚至一千步的距离，但前面那最重要的第一步，完全可以是你先迈出。

## 橘子不是唯一的水果，就像世间没有唯一的答案

闺密圆圆就选择迈出了那神圣而勇敢的第一步。

她和男友大力的故事，就像传奇一样。两个人是正宗的青梅竹马，两小无猜。当然，最开始这段关系只是纯真的友谊。

　　大力有阿斯伯格综合征，是不是很奇怪这是什么病？没认识他们之前，我完全没听过这种病。阿斯伯格综合征是一种社交交往障碍，表现为局限的兴趣和重复、刻板的生活方式。

　　具体的解释我也不是很清楚，但是圆圆通过和大力认识的这二十多年，总结出了自己的一套解释，就是直男有理。你根本没法生气，就算被气、被怼，也只能默默接受，因为他的行为只是病。

　　大力从小就没什么朋友，只有圆圆和他一起玩，长大之后也是。

　　圆圆经常对大力说："你放心，我以后也陪你玩。等我多赚点儿钱，就把自己嫁出去，到时候就有两个人陪你玩了。"

　　很多次，圆圆也给大力介绍过女朋友，可惜女方和他相处不到一天，就受不了他一根筋的性格了。

　　谁都以为他们会一直保持这种友谊关系直到永远，可是，既然橘子不是唯一的水果，那么世间也不会有唯一的答案。

　　有一次，他们在楼下买板栗饼，大力咬了一口，很自然地把饼递到圆圆嘴边。圆圆象征性地咬了一口，因为当时街上人挺多的，也不好意思太亲密。

　　结果大力拿回板栗饼看了看，失望地说："我特地把皮咬掉了，你还是没吃到里面的馅儿。这家板栗饼不行，以后不吃了。"

圆圆突然有种被爱情砸中的感觉，喜欢这件事，最美好的不是发现对方符合你的要求，而是当你意识到自己喜欢的瞬间，那种美妙的慌乱感。

这么多年，她一直以为在这段友情里，自己是付出最多的那一个，什么都照顾大力，遇到麻烦事出面帮他解决。原来，大力也在用自己的方式照顾她。

她说自己迷上了珍珠奶茶，大力会在下班之后跑三条街买回来给她，一边催着她快点喝，一边向她普及劣质珍珠对人体的危害，以及喝了不干净的奶茶会怎么样，每次圆圆都气得把珍珠喷了一地。

她说自己最近工作遇上瓶颈了，还总喜欢和顶头上司对着干，哭着问大力："我是不是不正常啦？"大力总是一本正经地说："你还有我不正常吗？我才是真的有病……"然后絮絮叨叨地介绍自己的病，每次圆圆都听得直翻白眼……

有时候，我们总是不知道什么才是自己想要的，什么才是最适合自己的。总要先走上一段弯路，才发现那些看似平常的并不简单，真正对你好的也不是口口声声挂在嘴上的。

圆圆看着大力还在研究板栗饼，突然很想笑，以前总听人说友谊的小船说翻就翻，原来后面还应该接一句话，不然怎么坠入爱河。用语言爱你的人有很多，但用行动爱你的人可能只有一个。

就这样，这对儿活宝终于在一起了，到目前为止依然上演着 happy ending 这种非常老土的剧情。

有时候我故意逗圆圆："大力现在不惹你生气啦？"

"我都要被气死了，这样的人，拿他一点办法都没有。特别固执，讲道理的时候犹如黄河泛滥一发不可收拾，说情话的时候又像情商欠费，无限停机；开心的时候幼稚得可以，不开心的时候近乎自闭。但是确实很爱我。就这样吧，爱情无非就是一口板栗饼，一口红豆沙的甜蜜和温柔。"

我们总说"减肥减到两位数就去表白""攒够房子首付就跟她求婚""考研，为了成为更好的自己，遇见更好的爱情""你离开之后，我用这张照片鼓励自己，只要我变得更好，一定会遇到比你更好的人"……

**很多人把整件事的逻辑搞错了。人们为了得到好的爱情简直愿意做任何事：努力让自己有钱、好看、成熟、有地位，就是不愿意真正为爱情付出。**

忙着给自己升级，却忘了真正的爱情是怎么回事。不是变成

"上等"的自己，遇到"上等"的人，就能获得"上等"的爱情。爱情不是买一送一的结果，更不是个人升级后的战利品。

真正的爱靠的就是真心和勇气。自己够不够好，与要不要爱没关系。认真传达心意才是最重要的，失去也没关系。勇气来源于爱本身，而不是之外的附加条件。

爱情不是某种结果，它是过程。真正的爱情靠"建立"，去表达自己的心意、经营一段关系，过程和你努力达成其他任何一个目标一样，会给你带来沮丧、心碎和满足。

最后，当每个人回忆它时，想起的往往是两个人共同经历过什么，而不是每个人分别有多少钱、权力、姿色。一起吃过的每一顿饭和每一次痛苦、每一次交谈、每一次争吵，甚至每一次决裂，这些才是爱情里真正有价值的东西。

有时，最伟大的旅程就是两个人之间的距离。所谓遇到真爱，往往是在你学会对这个世界不太贪心以后。

关于那个对的人，要像他明天就会来那样期待，要像他永远不会来那样生活。变不变成最好的自己都会遇到爱情，前提是你是否足够想要。

> 为什么有的人明明一手好牌，却打得稀烂？

## 所有命运赠送的礼物，
## 早已在暗中标好了价格

　　当初以为是免费的，到头来都是最贵的。生活有多美好，看你对它有多用心；生活有多凄惨，看你对它有多敷衍。成功这件事，就算万事俱备也不一定会实现，何况你还全凭侥幸。

## 机会不会逃跑，能逃跑的永远是你自己

有多少人一边熬着最久的夜，一边敷着最贵的面膜；有多少人一边收藏养生指南，一边看剧刷微博到深夜；有多少人一边胡吃海塞夜夜买醉，一边往杯子里放枸杞……嘴上说着养生，身体却在轻生。

有句话说得很对：出来混，迟早是要还的，只不过有些代价是你看不见的。你游戏人生，人生也会游戏你；你玩弄感情，感情也会玩弄你；你视生命为儿戏，生命也不会不把你当回事。

很多事情早已埋下了伏笔，当问题第一次出现时，你选择逃避和退缩，等到下次它们卷土重来时，你就只剩步步落败。没有例外和侥幸，只是时间的问题。

生活中，我们都做过逃避型选手。

我曾经有一个坏习惯：先拖着，然后等待奇迹发生。可惜奇迹从来都没有发生过。

前段时间，折磨了我好几年的智齿又发炎了。这几年，几颗智齿轮番出来疼几下给我点颜色看看，大多数时候，我都习惯性地选择视而不见，幻想着它们能争气地全部长完，自愈。

这一次又疼到六亲不认，只好肿着脸去看相熟的医生。医生

一看又是我，哭笑不得，也难怪，他都劝了我多少次了，我就是不听。

这次疼得太厉害了，连带着头也很疼。

躺在诊所的床上，感觉身心俱疲，想起这几年遭的罪，鼓起勇气对医生说："拔，都拔掉。"

医生反而很冷静："智齿是你想拔就能拔的吗？"

我心想，难道还要挑个黄道吉日？

"等消肿了再说吧。"

我哭丧着脸问医生，这几天要怎么过啊？脸肿成这样。

医生也很无奈，给了我几个一次性医用口罩来遮住脸。然后不忘打趣地说："消肿了之后，你不会又改变主意吧？"

"不能了，我现在还后悔怎么不早拔了呢。"

智齿之所以叫智齿，是因为它教会你一个道理，即人生很多事情只能拔掉，不能忍受。

躲得了初一，躲不了十五。生活不能有任何形式的抖机灵，所有的投机取巧都会自我打脸。

这可不是我第一次逃跑了。

当年，本科毕业前一年，周围很多同学都去实习了，而我居然还没做好要工作的准备。一想到马上要工作了，就发自内心地感到恐慌和抗拒。上一秒我还是活泼可爱不谙世事的学生，下一秒就要做一辈子上班族，这我接受不了。

每天假装很忙碌地写论文，其实大部分时间都在磨洋工。

后来，我到底还是被自己打败了，选择了考研。现在回头看，虽然研究生三年我学了很多东西，收获也很多，而且对以后的工作也有很大帮助。但是想想自己考研的初衷，还是有点儿小羞愧。

问题来临时，很多人都曾和我一样，首先使用"拖"字诀，假装不在乎，有太多的挡箭牌可以信手拈来。一副"谁在乎"的姿态故作洒脱，其实就是又懒又熊，一点儿也不勇敢，还显得脆弱敏感。

逃避短时间或许有用，长远来看根本没用。无非是从一个圈子逃进另一个圈子。一遇到困难就逃避，这样会让别人误以为，你最喜欢的乐器是退堂鼓。一个人活着，本来就是什么也逃不了。

人生的神奇之处就在于，你不知道那些辛苦埋下的彩蛋，何时就会变成生命的惊喜；你也不知道，那些贪图侥幸而没有填实的坑，何时就会变成束缚自己的陷阱。

后来，再次遇到想打退堂鼓的时候，我会吓唬自己：你别不上心，今天的你以体面的微笑和优雅的转身来面对各种问题，但当明天问题再次到来时，谁还会给你机会落荒而逃，哭的日子很可能在后面呢。

成功是什么？成功就是你的付出让你有了达成心愿的资格。失意是什么？失意就是你努力的程度暂时还够不着你想到达的高度。

当问题出现时，最好的方法就是努力地解决，一旦你下定决心推进进度，就会发现有些事根本没那么难。

## 命运发给你一手好牌，你不一定能赢到最后

你是不是也经常这样：

每天都很疲惫，抱怨没睡好，没有精神，也没时间锻炼，却从不去想是不是因为自己前一天晚上刷剧、刷朋友圈、刷微博到深夜；

好像每天都有做不完的工作，对加班深恶痛绝，却从不去想是不是因为自己上班时间没干正经事，只能靠加班来弥补；

总是嚷嚷着减肥，却管不住嘴巴，眼睁睁看着心仪的人跟别人美好相伴……

你永远想不到，有些人是怎样打烂了一手好牌。可事实就是如

此：绊倒他们的，不是一双尺码偏大的鞋子，而是鞋子里的沙子。

前不久，和亲戚家一个弟弟吃饭，第一时间询问近况，弟弟哀伤地说："感觉这份工作干不下去了，却不知道怎么和父母交代。"

弟弟今年二十六岁，翻译专业毕业，西班牙语很厉害。毕业后，辗转干过几份工作，最后留在一个规模不大的培训机构，教西班牙语，底薪两千元，其他按课时计算。

工作两年多，不上不下，工资稍微涨了一点，可去掉吃住基本上没剩多少。也不敢谈女朋友，更别说买房结婚了。

明明握着一手好牌，怎么人生路越走越窄了呢？

人生就像抛物线，有的人一路开挂，直冲顶点；有的人一片惨淡，跌落谷底。人生有欢笑也有泪水，你会发现一部分总是负责欢笑，另一部分人总是负责泪水。

其实，每一个令人唏嘘的命运背后都暗藏着玄机。

我跟他说："既然前景不乐观，为什么不换个工作？你喜欢当老师，去事业单位试试？"

"哪那么好考啊，听说重点中学只招研究生。"

"考公务员呢？别的不说，至少稳定吧！"

"不想去，不想被困在体制里。"

"考研吧，研究生毕业后选择权会多一点儿。"

"一天这么忙，哪有时间复习？"

"去北上广呢？工作机会肯定多啊！"

"算了吧，大城市多辛苦啊，自己也不是那种有闯劲儿的人。一切皆是命，半点不由人！"

好吧，不光把所有的出路都堵死了，还上纲上线到命运的问题了。

命运是什么？"运"是一时的，多次的，而"命"是一生的，持续的。"运"给你的东西，"命"不一定撑得住。

有些人总是抱怨，如果当时不这么做就好了；要是能早一点或者晚一点，就不会有遗憾了；为什么偏偏是我呢，这太不公平了……总是嚷嚷着这样不好，那样不好，觉得自己不够幸运，没有命运的垂青，却从不想改变。

撒切尔夫人说："注意你的想法，因为它能决定你的言辞和行动。注意你的言辞和行动，因为它能主导你的行为。注意你的行为，因为它能改变你的习惯。注意你的习惯，因为它能塑造你的性格。注意你的性格，因为它决定你的命运。"

就像我的这位弟弟，他看人、看事、看问题，总是先考虑困难，遇到事情就是消极对抗，还总把义务和希望都寄托在虚无缥渺的命运身上。

命运的礼物是世上罕见的稀缺资源，有幸拥有的人，如果没有
获得幸福，就像有钱人抱怨自己不快乐一样，钱不是万能的。

人生就像一条长河，偶尔的起起落落，波涛汹涌，都改变不了
它大的走向。所谓的"命好"，就是一个人独特地看问题的方法和
行事方式。

思维方式出问题的人，幸运之神是永远不会光顾的。

## 你偷过的懒，岁月都会让你加倍奉还

前段时间，高中同学"面包小王子"摊上大事了。

他家的连锁面包店在我们当地特别有名，作为面包店唯一继承
人，好好继承家产就好了。他偏不，偏要创一番事业来证明自
己的实力。

"年轻富二代比你更努力"是多么励志的故事题材，可惜，
事情的发展完全让人跌碎眼镜。

在公司这次的升职名单里，"面包小王子"在列。公司规定
相当正式，升职名单会公示出来，其间没有问题才能正式生效。

可公示后没几天，他被别人举报学历造假。

领导层高度重视，派人调查发现情况属实，取消了他的升职资格。

其实，他学习一直不好，高中毕业，因为成绩太差，没考上大学。他爸爸通过各种关系，帮他解决了工作问题，单位好、工资高，一度让他得意忘形。

后来看到其他同事都是本科、研究生学历，个人能力过硬，升职很快。他非常羡慕，却不想付出，就托人办了一个假证。这次升职，也是疏通了各种关系，好不容易谋了一个职位，只要安全度过公示期，就可以举杯庆贺人生又往前了一大步了。

可惜，现在是互联网时代，透明度那么高，还想整歪门邪道那一套，简直可笑。先不说丢不丢面子，这一行肯定混不下去了，看来他只能回去继承面包店了。听说，他家的面包店在其他大型面包店的挤压下，早已没了昔日的风光。

不是实力取得的东西，迟早要还。这个世界上从来没有无缘无故的实惠和好运，如果馈赠不是建立在势均力敌的基础上，看似是得到，实质是负债，迟早要一笔一笔地加倍偿还。

年轻时总是诸多幻想：幻想各种考级一次过，毕业就找到好工作，轻轻松松赚到第一桶金；一见钟情某个人，携手白头，从此过上幸福快乐的生活……

长大后才发现，世界上最昂贵的东西便是这种唾手可得的"馈赠"，因为你不知道它标了什么价格，而你要用什么东西来偿还。

生活中从来就没有免费的午餐肉。这顿饭没吃饱就是没吃饱，不可能下一顿多吃点儿就能补偿。没吃饱的这顿饭，将作为一种欠缺留在你的人生，命运迟早会抓住这个薄弱环节击败你。人生的真相就是，今天你敷衍了生活，明天生活将回你以暴击。

摸摸肚子上的肉，看看堆积如山未完成的工作和触目惊心的年度消费账单，别再惊讶为什么会这样，坑是你自己挖的，地雷也是你自己埋的。

你在什么地方投入时间和精力，就会收获什么。想吃水就得挖井，想摘果就得种树；想赚钱就得劳心劳力，想成长就得风雨兼程。用在过度消遣上，收获的是空虚、寂寞和麻木；而用在自我提升和成长上，收获的则是进步、成功和喜悦。

要得到你必须付出，要付出你得坚持。如果放弃了，就不要抱怨，生活不会因为你抱怨而改变。

人不用则废，锈住的不仅是脑子，更是心灵。成功的路上并不拥挤，因为有些人走到半路就被困难打败了，被成绩诱惑了，被等待吓住了，而只有那些默默努力的人，才最终守得云开见月明。

痛苦是人生的一部分，但你可以选择它的类型，是通向成功的苦痛，还是抱憾终生的痛苦。

**这个世界只有三种失败：一种是自身无能的失败；一种是命运不公的失败；最后一种是命运不公还自身无能时仍坚信靠"转发锦鲤"必能时来运转的失败。真正的本事不是你能拥有多少次好运，而是你有多少能匹配好运的实力。**

所有命运赠送的礼物，早已在暗中标好了价格，同样，所有命运施与的苦难，也早已在暗中定好了期限。

你创造的价值，岁月会以不同的方式回报给你；你亏欠的努力，岁月也会以不同的方式拿回去。

下次，痛苦来临时，不要总问："为什么偏偏是我？"因为快乐降临时，你可没问过这个问题。

> 为什么"听过很多道理，
>
> 依然过不好这一生"？

## 我们并非无知，而是知而未行

　　你读过的书，不能马上起作用，你听过的道理也一样，你必须得过自己那一关。任何经验在本质上都是不可传授的，因为不经历就无感受。

## 听了那么多道理，还是过不好这一生

晚上，应好友之约在我家附近的小餐馆吃饭。餐馆门脸不大，颇有深夜食堂的感觉，里面都是焦虑的都市夜归人，这不，我旁边这两位老友，也是一脸愁云，Nannie 最愁，紧锁的眉头仿佛能拧出二两酒。

我拿着酒杯送到她眼前，对她说："纳尼，加把劲儿愁，我看看能愁出什么东西来？"

Nannie 的英文名读出来特别像纳尼，平时我们都这么叫她。

仿佛被我打乱了愁苦的节奏，她一把推开我的手，说我没有人性，完全不顾好友的死活。

我让她赶紧把烦恼说出来，好让我救她的命。

纳尼说有没有什么办法能让她跟男友的关系更加融洽，不想总吵吵闹闹了。

纳尼与男友相恋两年多，感情还算稳定，彼此也深爱对方，只是每周都要吵上几架。虽然都能马上和好，但纳尼担心自己性格过于敏感，迟早会影响两个人的关系。

纳尼平时和不熟的人相处倒是很融洽，情商也很高，偏偏和深爱的男友不行，有时男友一句无心的话都能让她火冒三丈。

"我真不想和他吵，他真的已经很迁就我了，可我总是控制不住自己。"纳尼苦恼地说。

她和男友谈过很多次，下过好多次决心要改善，可是一年了也没什么大进展。说到这里纳尼一仰头喝光了面前的红酒，深深地叹了口气。

这一年纳尼关注了很多情感专家，看了很多帖子和心灵鸡汤，告诫自己不要生气，可是一到气头上什么鸡汤全白喝了。

听到这里，一直没说话的沃特也忍不住叹了一口气，沃特的英文名是 Water，这两个人的英文名也真是绝配。

我和纳尼把好奇的目光投向了沃特，她不等我们发问，自己就招了。

过去的一年她常常因为信心不足而感到焦虑，工作上的新项目她不敢去争取，眼睁睁地看着其他人把机会抢走。跟同事们在一起的时候特别在乎他们的评价，染个头发，也怕引起大家的关注，怕他们不喜欢自己。她很努力地关心身边每一个人，照顾他们的情绪，可是唯独没照顾过自己的情绪，很累、很焦虑。

为了缓解焦虑，这一年也做了很多尝试，买了很多相关的书，看了很多帖子，也常常对着镜子鼓励自己，但就是没有大效果。

"我也知道不用太在乎别人的眼光，但就是做不到。"沃特说。

说到这里纳尼和沃特苦笑道："听了那么多道理，怎么还是过不好这一生啊？"

唉，我怎么认识这么两个不让人省心的猪队友呢！

**人们常常犯三种错误：第一，听到了，就以为已经明白了；第二，知道了，就以为自己做到了；第三，心动了，就以为自己在行动。**

为什么道理我都懂，但就是做不到？因为你只讲道理，不讲原理；只有结果，没有过程，无法在脑子里形成自己的逻辑体系。

道理就是一道菜，别人给你端上来，你是囫囵吞枣吃下去，还是细嚼慢咽吃进去，吸收的效果肯定不一样。前一种只是吃饱了，品出味道了吗？后一种边吃边消化了，最终转化为你需要的能量。

就像体弱多病的人往往最知道怎么强身健体，而每个胖子都是减肥大师一样。道理就像房间里的开关，你知道它在哪儿，但是不去开，房间就还是昏暗的。道理懂得再多，不落在自己身上，还是没有任何作用。

## 你想过好这一生，却始终在复制粘贴

纳尼和沃特的焦虑，让我想到了高中学姐，一个特别爱折腾，活得很随性的姑娘。

学姐做过跨国公司白领，开过主题咖啡馆，后来从国内到国外流浪了一年，在网上写游记收获大量粉丝。平时多种性格无缝对接，一会儿说自己要累死在路上了，一会儿又满血复活大嚼着美味比萨。

这几年，身边的追求者纷纷选择安定下来结婚生娃，只有她好像永远精力旺盛，背上背包就出发。她从不为生计发愁，走到哪儿都能发现商机。

我一度视她为榜样，每次听她讲那些惊心动魄的经历，就两眼放光，恨不得做她的小跟班，和她一起周游世界。

当然，我始终没有勇气像她一样敢想敢做，只有羡慕的份儿。随着年龄的增长，慢慢领悟到：我之所以羡慕她，是因为她没有走和其他人相同的路，却活出了想要的生活和成功的人生。

回到纳尼和沃特的问题，我无法给出让她们满意的答案。如果不顾实际地说这说那，是一种不负责的行为。

所谓的人生建议，无外乎以过来人那点儿微弱的见识为行为准则。若是看多了，听信了，难免被无底线的忽悠和无意义的煽情牵着鼻子走。

到最后会发现，所有的是非对错，不过是一场接一场的逻辑游戏。你只想不做，光顾着纠结情绪，从未深思解决方法。如此一来，心事弯弯绕，没把别人绕进去，先把自己绕晕了。

**所谓的成功学，就是一个中了头奖的人，分享当时选号的心情和领奖的感受而已，认真你就输了。**

想表白了，到网上提问："如何表白才能获得最大的成功率？"

失恋了，在朋友圈提问："如何最快地从失恋中走出来？"

失业了，在群里提问："几月份是找工作的黄金时期？"

恋爱达人告诉你，表白要浪漫、要惊喜、要出其不意，但也别忘了投其所好欲擒故纵，才会百发百中。

朋友们安慰你，失恋了就一起出来唱歌啊、逛街啊，不去想他就没事了，你这么优秀一定会有更好的人来爱你，是对方渣不是你的错，或许是他太爱你了所以才不想耽误你。

学长学姐们在群里发言，工作春天最好找，切记避开暑期毕业季，但最好的办法还是找个熟人介绍一下。

你得到了很多答案，甚至可以说是标准答案，给答案的人总是信誓旦旦拍着胸脯跟你说，他们就是这样过来的，有用。

然而，你表白失败了，你再一次失恋了，你的工作不到半年又没了。

你看，即使这些办法对别人有用，对你却起不了作用。别人试过拿了满分的标准答案，给了你却还是无法过好这一生，甚至都不会过得比以前好。

每一个人身上都有听不完的传奇故事，然而不幸的是，无论一个人听多少故事，也无法改变他自己的人生路。

如果总是用别人的影子，来摆自己的位置，聚焦短期的利益得失，会让你忽略真正长远有价值的东西。

"邯郸学步"的故事我们都知道，那个想要学别人走路的燕国人，最后连自己怎么走路都忘了。说到这儿，你还会拿着所谓的"标准答案"去衡量生活吗？

你渴望工作顺利、爱情甜蜜，甚至每一次的升职加薪，全部按照人生的标准剧本，一步一步地走下去。但人生的标准答案，根本无迹可寻。

别人的道理没错，因为人家确实成功了，但是人生的标准答案无法进行简单的复制粘贴。你可以复制别人的经历，但是你有那么大内存来粘贴吗？

道理是道理，生活是生活。听了再多道理，若是没有正确的经验积累和思维模式，就如同练就一身外功，却没有扎实内力，这只不过是花拳绣腿，根本无法在生活的惨烈竞争中脱颖而出。

## 人生没有标准答案，只有参考答案

喝了太多的心灵鸡汤，突然发现不知道怎么过了；

学了太多的秘诀技巧，突然发现不知道怎么做了；

看了太多的励志故事，突然发现梦想还是与自己无关；

谁都希望看到一些道理就能彻底改变自己不如意的人生。可惜这个世界没有任何一种文字描述的方法，没有任何一种理论，可以直接作用于你的灵魂，改变你的心灵和人格，疗愈你的创伤，塑造一个全新的你。

道理并非无用，它的主要作用，不是带来成长，而是缓解你的焦虑。但是你不能在缓解了焦虑的同时，也跟着逃避真相和问题。

如果道理真的有什么用的话，也是因为你恰巧已经走在了这条路上，具备了想要改变的强烈意识和本能需求；如果道理真的能帮助你的话，也是因为你的认知水平已经让你明白，成长不是几句话、几本书就能解决的事情，你愿意探寻更多真相，愿意以这样一种方式来协助自己完成成长这个艰难的过程。

你做好了准备，这些方法才能真的起到一定的作用。关键在于你，而不是方法。

**别人可以的事，无论看起来多简单，你也未必可以；你已经做得很顺手、很擅长的事，才是你应该坚持做下去的。不要因为觊觎别人的参天大树，就放火烧了自己的花园。**

如果总是在原地兜兜转转，停滞不前，结果不会有任何改变。就像一个人如果想减脂增肌，除了看遍健身教程，更重要的是完成每日的肌肉训练。

一个人并非过了十八岁，便是真正意义上的成人。很多次，我尝试着回过头检视自己，发现所谓折腾的日子，都是在后知后觉中发现的。

以前出去旅游，查遍所有攻略，问遍身边所有人，准备工作细致入微，唯恐自己的旅行留下遗憾。

可渐渐地，旅行的目的地变得不那么重要，反倒能静下心来欣赏沿途美景。以前学姐跟我说过，当你真的专注于旅行本身，你就会发现，一草一木都变得格外好看了，因为你看到的不只是一棵小草，还有它的成长过程。即便是旅行中的一些错失，也不会影响你的心情。

每个人的生命里，都需要这样的"事与愿违"。

那些心焦，那些痴念，也许是北上广打工青年下了班，街巷口的一碗瘦肉粥；也许是蜗居的旧宿舍里，墙上的一张明星海报；也许是荒山深林迷路处，和山里人的半夜闲聊……

任何经验在本质上都是不可传授的，因为不经历就无感受。

什么样的选择，决定了什么样的结局。事实上，你不必一头扎入拥堵的操场，鸣枪逼迫自己向前跑；不必刚毕业就急着赶往最紧俏的行业；更不必二十出头就被催相亲择一人终老。

只有你自己处在真实的生活观和社交圈里，才能明白到底值或不值，要还是不要。

很多人只谈论道理和对错，唯独不谈论真正的自己。这一路走来，总有人教你做人、教你赚钱、教你干这个干那个，但最难做的，反而是守住本心。要一直努力，但绝不指望一步登天。如此才能在焦虑中发现平和、在忙乱中找到美好。

生活，总要亲口尝一尝，才知道什么叫好吃。乐于行动的人，不需要那么多大道理，因为他们的大量时间都花在了将道理落地的过程中。

有的人职场三连跳，有的
人直接淘汰掉，到底差的
是什么？

## 你是什么成色，世界就给你什么脸色

不要贪图短期的无忧无虑，也不要迷恋得过且过的人生。温水煮青蛙的日子之所以可怕，是因为每分每秒都在损耗人的心志，等到下次再面临生活的刁难时，你将无力应对。

## 人与人之间的差距，都是在思维方式上拉开的

如果你以为月薪3K 和月薪3W，这中间只是2.7W 的差距，那么真的大错特错了。

人一旦觉得缺钱，就会把钱看得特别重。把钱看得重了，就容易偏执，一偏执，就容易短视。这一短视，前途就堪忧了。

两个月前，一个亲戚托我爸爸给自己家孩子找一份工作，孩子高中毕业就辍学了，在家闲散了三年，也没正经干过什么，父母怕他再待下去整个人就废了，就想给他找一份工作，让他安定下来。

爸爸的一个朋友是服装设计师，同意收那孩子当学徒，试用期三个月，当然，这三个月是没有工资的，这是行规，试用期通过后，再按工作量算钱。虽然三个月没有工资确实很难熬，但是前景还是很可观的。而且设计师和我爸爸都说好了，只要他干得好，试用期一通过就有钱赚了。

那孩子勉强同意了，工作能力却很糟糕，关键是没有本事还不努力。整天就是碎碎念，没有钱，谁有动力干。就这样，一个多月后，自己走人了。他父母也拿他没办法。

一份工作的价值哪里是薪水能衡量的。钱是很重要，但是如果你看不到一份工作的前景和这份工作给自己带来的实际成功，

满脑子只是眼前微小的利益，不淘汰你，淘汰谁。

对金钱的执念，正在毁掉很多人的远见。

真想和他说一声：不用太在意当下的月薪，这个数字没什么意义，并不是所有人的起步工资都能达到自己心里的理想数字。你的关注点更应该放在工资的增长速度，还有个人综合能力的提升速度上。

如果你目前月薪3K，可以给自己定一个目标，比如三年达到月薪3W或更多，我见过很多人达到这个状态。在那个时候，你一个月挣的钱就相当于现在的一年，这样一想，你就不会太在意现在薪水的高低了。

如果你没法把自己的格局拉到这个尺寸，就会陷入捡芝麻的陷阱。天天和周围人比谁的工资多一百，谁的工资少一百。要是还不满意，大可以跳槽到更加理想的公司。

**如果你拥有的唯一工具是锤子，就会把所有问题都视为钉子，再也看不到其他可能性。月薪3K和3W，真正的区别在思维方式。所谓百万富翁，不是说有一百万在银行，而是有随时挣到一百万的能力。**

生活是复杂的，并不是非此即彼。如果你陷入了狭隘的思维中，只专注眼前的利益，而忽略了长远的机遇，不仅会错过上升的机会，还会因为错过机会弄得心情烦躁，甚至抱憾终身。

经济学有一个理论叫"迟来的奖金"。说的是："厨房的帮厨，工作累得要死，收入可能比不上端盘子的服务生"。

可是为什么还是有人要去做这样累死累活的工作呢？理由只有一个，帮厨未来有机会升为厨师，有"迟来的奖金"可领，而服务员做一辈子，也还是端盘子的。没有技术积累，就没有丝毫优势。

二十几岁的时光，千金难买，想跳出眼前的薪资，要看在这段时间，你把自己打磨成了什么样子。

收入的涨幅并不能绝对代表一个人的价值，但是很大程度上反映了一个人能力发展的进度条。

驴子和千里马看似都走了十万八千里，但是驴子是走了五米，然后绕着磨盘走了两万次而已。所以，别做驴子，去做千里马。

## 职场上，态度比能力更重要

职场上，有两种人很让人头疼。一种人聪明能干，但常常自以为是，能偷懒就偷懒；另一种人能力一般，但是态度特别好。

选态度还是要能力，永远是两难的选择。

以前，我喜欢和第一种人一起工作，沟通比较快，稍微一说就明白了。可后来遇到一个名校毕业的男生，我的想法就改变了。

这个男生工作能力超强，做事速度很快，同样一件事，别人做两三天，他可能一天就做完了。可是，剩下的时间里，看着同事们忙得团团转，他就坐在办公室里玩手机。偶尔有同事找他帮忙，他要么糊弄，要么根本不理。

你也没法说人家，这是职场，帮你是情分，不帮是本分。男生就这样轻轻松松地干了几年，加薪的名单上始终没有他。

他怒了，跑去找老板理论，以他名牌大学高才生的背景，卓越的能力和表现，凭什么就拿这点儿钱。

老板一句话就把他怼了回来：你的能力能当组长，可你的态度只能当个组员。

他不服气到处找人抱怨："老板就给我一份儿钱，凭什么让我干两个人的活儿。怎么我是蜘蛛侠吗？能力越大，责任越大？这不是欺负我吗！"

没有人接他的话，大家和他共事这么长时间，很了解他的为人，能力确实没得说，但是和别人合作却总喜欢耍点儿小聪明，能混就混过去。大家嘴上不说，但是心里对他也略有微词。

能力再强，也无法弥补态度的短板，因为一个人的成就取决于他愿意做多少，而不是他能做多少。态度决定行动，行动决定命运。

这些年，我见过很多聪明的人做着蠢事，月薪3K一直没变；也见过很多蠢人做着聪明的事，看似吃了眼前的亏，其实很快就有了回报。

就算能力再强，不肯付出，偷工减料，上班比谁都懒散，下班比谁跑得都快，这样的人，真的不值钱。

**你现在的态度决定十年后你是人物还是废物。能力代表现在，态度代表未来。一个人进步有多难，退步就有多容易。而进退之间的差别就取决于态度。**

曾经有个前辈跟我说，你做的每一件事都不是白做的。这些事看上去可能没什么马上可取的价值，但叠加在一起就是你的态度。态度这东西千金难换，多少钱也买不来一个愿意用心工作的员工。

工作越久，你越会发现，用心才是金字招牌。你要闷声干大事，悄悄发大财。把实力留给自己，把态度留给世界，这才是大智慧的体现。

## 越往后，决定你境况的是你的成色

每到年底，年终总结就如约而至。其实，也是有套路可寻的，无非就是我今年做出了什么样的成绩，遇到了哪些挑战，自己如何克服了，还有对明年的规划……但是在同质化非常严重的总结里，还是有一份闪烁了不一样的光。

这份总结来自去年新来的小员工皮皮夏，同一批入职，皮皮夏比同龄人成长得更快。

皮皮夏一点儿也不皮，反倒很可爱。就连他写的总结也很可爱，没有简单的复制套路，全是关于自身实实在在的总结。

他的总结题目非常简单"522"，"5"代表他职场的五个关键的第一次，第一个"2"代表完成了两次接待大咖的任务，第二个"2"代表两次短途旅行。

看到这些，很难想象这是一份年终总结，更像是一个年轻人对自己这一年工作历程的记录。充满了懵懂、辛苦、反思，还有浪漫和激情。

在他平实的叙述中，可以看到年轻人的天真和固执，也可以看到脆弱和迷茫，更多的是希望和美好。皮皮夏总结里的一段话，让我特别感动：

"你们可能觉得我很自私，这一年我没有过多关注人类，只关注自己的成长了。我越来越觉得，想要做成什么事情，或者得到什么东西，就按部就班做自己该做的。安静点，也用心点，渴求别那么强烈。慢慢地，一段时间过后，水到渠成是一件非常自然的事。但要是特别心急，特别用力，手忙脚乱，最后往往什么都得不到，还搞得一团糟。真的，生活就是这样，特别用力，就特别容易玩完。一个人强大的内心力量，不是捂上眼睛假装自己是什么样的人，而是始终对自己所面临的一切保持清醒。它是所有深夜哭泣之后，第二天让我擦干眼泪重新开始的勇气和力量。"

我在皮皮夏身上仿佛看到了那些年的自己，说实话，我在他这个年纪，看问题还没有他那么透彻，当时也是初入职场，感觉所有的问题都扑面而来。

当一个年轻人渐渐丧失一些简单，开始面对复杂的时候，会有些不开心，可谁说成长就一定是开心的呢？

月薪3K 和月薪3W 之间的价格差、一个任务，一份工作本

身并没有那么重要，重要的是一个人到底从他的工作中得到了
什么。

不只是一份薪水和一次晋升，还有你从这份工作提供的机会
里，最终得到什么样的精神滋养和自我成长。这种滋养和成长，
最后会反映在你的生活态度和品性上，继而决定你的成色。

一个人的成色是随着年龄的增长逐渐沉淀出来的，是自身所
有特点的集合和升华，决定了他是一个什么样的人。

就像毕加索之所以成为伟大的艺术家，是因为他后来的蜕变，
他超越了写实的风格，创作出前无古人的画风，一个新生的流派。
那是一种经过思考的艺术创作，是智慧的升华。所以那些很难看
得懂的抽象画之所以闻名，不是单纯因为它看起来有多美，而是
它反映了主人的心路历程。

**一个人知道自己要什么，有两点好处：一是，你不会羡慕别人
拥有的，不会把别人当作参照物，从而平添烦恼；二是，你不会放
弃努力，在获得自己想要的一切之前，你都会无怨无悔，快乐地追求，
不计较付出。**

这些年，我越来越发现一个人成色的重要。

见过太多年轻人大学毕业，进入社会，头几年多半撞得头破

血流，再过几年摸爬滚打，然后渐渐走上正轨。有的人悟性高，不轻易放弃，遇到困难也能继续往前走，生活越来越好；有的人纠结挣扎，始终摆脱不了小小的自我，迷失在大大小小的陷阱里，十年后依然找不到方向和出路……

有人曾说，成功的人生，就是一个很会答题的人做对了选择题。皮皮夏的经历告诉我，人生就是一道没有标准答案的阅读理解。

造化如何，得看你是不是能答得漂亮。退一万步，至少让你自己满意。他的性格里，有坚决、执着的底色，那团理想的火苗燃烧着，传递出足以扛过一切苦闷的力量。

对一个年轻人来说什么是最重要的？有很多时候，就是内心深处最长久的希望和这种很虚无的、说不清道不明的力量，一点点支撑你度过每一个琐碎的瞬间，甚至是痛苦的瞬间。

所以，人其实也可以考虑做做两栖动物，有上岸透气的资本，也有沉入水里的勇气。

一个人的勇气与欲望休戚相关，只要欲望被点燃，勇气就会应欲望而生长。赢了，就是一个勇者敢于自我挑战；输了，就是一个赌徒该有的下场。

成年人最重要的事就是瞎折腾，然后自负盈亏。

你又买不起大城市的房子，

留在大城市有什么用？

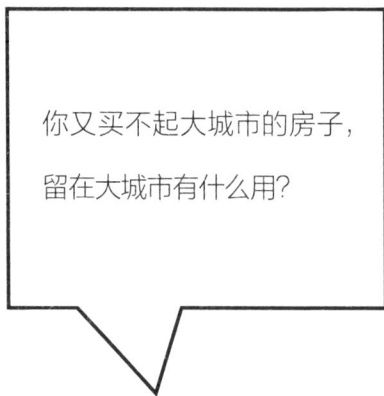

## 北上广不相信眼泪，其他地方也不相信

内心没有方向的人，去哪里都是逃离；内心有方向的人，走向哪里都是追寻。真正的出路，不在于逃离，而在于你的内心是否了解自身的处境，并在此基础上做出不一样的选择。

## 我喜欢上海，这里有失意的灵魂，也有倔强的人生

大学毕业后，有的人选择回到老家，找一份安稳的工作，朝九晚五，结婚生子，过着一眼就能望到头的生活；有的人远离故乡，来到充满希望和诱惑的大城市，开始一种与孤独周旋的日子。

十点半的地铁，终于每个人都有了座位。可菲菲在最后一班地铁上，依旧没有座位。有时她会难过地想：大概这座城市终究没有我的位置吧。也曾想过离开，但一想起自己来这里的初衷，咬咬牙告诉自己挺住意味着一切。

菲菲最近一年在上海诸多不顺，失恋、换工作、搬家，就连手机屏幕都不知趣地摔坏了两次。有时候用输入法输入"上海"两个字，一不小心就会被自动识别成"伤害"，想想也不是没有道理的。

妈妈知道后，对菲菲说，不行就回来吧。

"回来"是指回到她的家乡，一个北方小城。那里有关心她的亲人，有和她一起长大的发小儿，还有妈妈精心准备的香喷喷的饭菜。

她和妈妈说："快过年了，撑到春节再看吧。"这只是敷衍妈妈的话，即使再困难，她依然没有回去的打算，估计春节回家过

个年，她又会重新打包行李，再度出发。

妈妈叹口气说："我就纳闷儿了，上海有什么好的？"

其实不止菲菲的妈妈，很多长辈都不理解：北上广这种一线城市那么辛苦，老家什么都有，你为什么不肯回来？你又买不起上海的房子，留在上海有什么用呢？

菲菲也不是没想过离开上海，尤其看到几个朋友离开上海以后，都过得比之前好太多。

离开上海后，工作时间由每天十几个小时变为八小时；交通时间由每天三小时变为二十分钟；午睡时间由无到有，实现了质的飞跃；工资由每月能买半平方米的房子变成买一平方米的房子。父母为伴，生活惬意。听起来，离开大城市，有百利而无一害。

但是，菲菲有自己的想法，她说："我喜欢上海，这里有失意的灵魂，也有倔强的人生。你不懂上海的高房价，自然也不懂上海的好；你只看到上海道路拥挤，却看不到上海资源更广，机会更多。"

对很多年轻人来说，北上广这些一线城市最大的魅力在于，如果你愿意付出努力，比别人更刻苦、更勤奋，你就有机会过上精致潇洒的生活。大城市是充满机会的，每时每刻都有重生的希望，年轻人铆足了劲儿往前奔，只是想有一个更美好的未来。

穿梭于城市之间，来来往往，本属平常。可北上广，对我们这一代人还是有着特殊的意义：它承载着我们年少时所有的激情、理想与希望。它的意义太复杂了，它击溃希望又成全梦想，它让人越变越好，外壳也越来越刚强。

**生活会嘲弄你，但从不会辜负你。**它不会给你想要的，不会让你如愿地灿烂过一生；同时它又会给你一些想要的，只要你能把它过得灿烂。

在这个漂泊不是必然的时代，去不去一线城市其实只是个人选择。如人饮水，冷暖自知。留不留在北上广，日子都不会太容易，只要你还有所追求。

## 有人享受小城市的安逸，也有人迷恋大城市的繁华

大城市确实有大城市的艰难，小城市也不一定都是快乐的。

身边的朋友们有的毅然决然地漂去了北上广，也有的在三、四线小城找了一份稳定的工作。一线城市的在朋友圈抱怨加班成魔、房租高出天际；三、四线城市的在朋友圈抱怨迷茫、不知前途在哪儿。

前段时间，大学同学海宁在家人的劝说下，从北京回到了家乡的县城。家人费了好大的劲儿，托了层层关系给她找了一个既合适又稳定的工作——银行柜员。

银行柜员是大家心中公认的稳定职业：大公司、有保障，不用风吹日晒，是最适合女生的稳定工作。但在入职后的几个月，她就开始了浑浑噩噩的生活。

每天沿着固定的路线上班，发呆熬过八个小时的上班时间，回家。除了她以外，其他人都皆大欢喜。

一直以来，回到小城市，还是留在大城市的话题，从来都如同开水，无须点燃，永远沸腾。有人享受小城市的安逸，也有人迷恋大城市的繁华。

海宁说："我见过北京凌晨四点的夜空，对面楼里有一户人家整夜整夜开着电视，不知道他们在做些什么，天空黑得像是无法再亮起，偶尔有声响都会心惊肉跳。

我也见过家乡晴朗的清晨，太阳从山的那一边升起，阳光和煦但依然刺眼，路上的早餐摊上挤满了人，不远处的广场上响起聒噪的音乐，许多阿姨开始跳舞。

我在北京活得艰难时也想要回到家乡，好好放松一下，过几天安逸日子；我也在家乡百无聊赖时，怀念北京的话剧和各种展览。"

大城市的热闹喧嚣，小城市的寂静安逸，哪种生活才是最好的？

海宁答不上来，最终只能说："自己没有过的那种吧。我缺乏真的留在北京的勇气，也缺乏过安逸生活的底气，我不想在大城市成为无所作为的炮灰，也不想白白将生命浪费在小城市的荒芜度日里。"

**人生的种种悲喜就像 AB 剧：此刻落寞必会妄想另一种生活，此刻喜悦又暗喜当日没走别的路。但实际上，无论选哪一条路走，生活都不会尽心如意、完美无瑕。**

有些人，在小城市吃喝花不了什么钱，过得舒心且滋润；有些人，在北上广拿上万的工资，迷茫挣扎，焦虑不安，吃不起肉；有些人，在小城市浑浑噩噩，勉强靠工资度日，过着一眼看到头的日子；有些人，在北上广做好规划，一直在前行。

北上广六七千管温饱，小城市三四千管安心。从可利用工资的多少来看，北上广真的比不上小城市。但每个人都有自己想要的活法。薪资的多少一定程度上确实能带给人不同的生活状态，却无法很绝对地去评判它。可利用工资确实不如小城市的北上广，它能提供的机遇和成长空间，也是小城市比不了的。

无论大城市，还是小城市，原本就是萝卜青菜各有所爱，看的就是什么搅动了你内心深处原本就有的涟漪。要过什么样的生活，最后还是看你自己。

## 你越是逃避，就越会碰壁

当留下来变得越来越难的时候，"逃离"就变成了一个热门的词。

你可以回到小城市，但是我怕你是因为能力不够，抓不住机遇，短暂的受挫而选择逃跑，你是逃离还是逃跑？一定要搞清楚。

你逃离了现在的生活，就要面对新的旋涡，真的准备好了吗？很显然，大部分人并没有，甚至都没来得及想清楚，就被一句"逃离北上广"的口号撩拨得心猿意马。

人生兜兜转转也只有几十年，别总是在选择和逃离的路上。

你不能每次遇到困难就想着逃跑，逃跑的次数多了，整个人就废了。留在大城市，还是回到小城市，你都无法逃离生活本身。

如果你没有稳定的人格，没有强大的自我，不敢诚实面对生活，不去解开那些问题的绳索，不去真正地觉察与改变。那么每一次逃离都是对自由的粉饰，只会让你更失望、空虚和遗憾。

有一个现状是：北上广容不下肉身，三四线城市放不下灵魂。人们在面对很多事情时，是不知足的。

想得都很好，来到一线城市打拼，发誓无论再怎么艰难都要坚持下去，可偏偏没过多久就被房价和雾霾打败，选择逃离。而有些离开的人，本以为安逸的生活是自己的归属，到头来却被人情世故和与过去生活的差距打败，又想回头。

有人想去远方，鼓起勇气带着信用卡和行李出发，在途中被一次坏天气搞砸了心情；有人到了远方，发现也不过如此，不过只是风景美了些，该有的问题依然还在，要面对的事情一件不少。

《围城》里写："城外的人想进去，城里的人想出来。"多少年前的话，如今依然不过时，我们还是没学会活得更聪明。

这个世界是多情的，温热的，但却不是无忧无虑的。你在这里一天，就要面对许多问题和突发状况。很多人的逃离，不是想逃离一座城，而是想逃离现在一团乱麻的生活。

一种生活不如自己所愿，但又无力解决，于是选择绕道而行，选择任性逃离。但你要明白，光靠着这点任性，不足以支撑你以后的人生。

你逃离的，无非是对现状的不满，幻想着新生活的美满，可是，这多像你曾经用尽全力去那座城市时的心理，你当时也在幻想在那里生活得圆满。但世事难料，没有什么是真正的完美。

你已经看过了这个美好而广袤的世界，就不能假装没看过。大城市的人在拼命赚钱、努力生活，小城市里的人也是如此。无论是漂泊还是停留，都是一种选择，而不是一种必然。尊重自己的选择、坚定自己的方向，无论在哪里，都不会过得太差。

逃离也好，回归也罢，无非只是你生活的一个展现面，远方固然美，苟且也并非面目可憎，你只是要在自己的生命年轮里，划出一点儿心甘情愿。

在我的人生里，见过最美好的事情，就是无论是在大城市还是在小地方的年轻人，不受父母支配，不看领导脸色，找到了自己的事业和爱情，最后能在自己选择的城市里有一个容身之处。

希望我们都能如此：一开始，用生存的本能来适应一座城市；再后来，用努力和焦虑来对抗这座城市；到最后，终于可以用快乐和自由，来感知这座城市。

请你不要成为那种随随便便就逃离的人。留一点儿温柔的爱意，是我们对城市最好的献礼。

那些最终有可能失败的事
值得我们大量付出吗？

## 坚持不一定有结果，
## 而是坚信这样做是对的

　　没有人绝对强大，但你会发现，几乎所有了不起的事情都是在
战胜沮丧和软弱的过程中实现的。坚持并不是永不动摇，而是在犹
豫和退缩的时刻决定继续往前走。

## 喜欢自然可以坚持，不喜欢怎么也长久不了

好友 Green 现在是北京电影学院的研究生，兼职给某电影杂志的专栏写影评。她现在所做的一切，都是她曾经梦想中的生活。

Green 本科读的是旅游管理，一个她完全不感兴趣的专业，她所有的热情和喜爱都扑在了电影上。可老师、家长、朋友都告诉她，电影当作爱好可以，当作谋生的饭碗不靠谱。

于是，Green 选择听大家的话，老老实实地读书、实习、参加校招，争取 offer。

当所有人为毕业工作发愁时，她在为要做自己不喜欢的工作发愁。无奈的 Green，带着纠结与犹豫，开启了自己的工作生涯。在工作一周后，她就发微信告诉我说，她要去北影读研。

整个准备考研的过程，她花了一年多，考了两次，我无数次见证 Green 的崩溃过程：一边工作，一边备考；一边熬夜加班，一边抽空复习；一边说服爸妈，一边鼓励自己。

在第一次失败后，她就说要放弃："不考了，不考了，我干吗这么折腾自己，现在也挺好的。"

结果没过几天，她就把扔到床底的书捡了回来，一边哭，一边学。

每次情绪低落的时候，她就拉着我出来看电影，看完电影还给我点评，哪个电影特效好，哪个电影剧情紧凑，哪个电影全是槽点……

每次看完，她的心情都会变得很好，我觉得她对电影的喜爱是认真的。

记得查到录取名单的那天，我们刚看完《春娇救志明》。她翻着手机从影厅出来，上一秒还在喋喋不休跟我讲电影中的 bug，下一秒就哭得像电影里分手后的"余春娇"。

那一刻，我才明白什么样的努力才配得上"坚持"二字。

在生活里，我们很喜欢用"坚持"这个词。

减肥失败，我们会说自己坚持锻炼了；放弃梦想，我们会说自己坚持付出了；与心仪的工作失之交臂，我们会说自己坚持努力了……可是这些都不叫作坚持，只能叫作尝试。

真正的坚持，是藏着不肯放弃的决心和欲望的。是哪怕路途荆棘，你摔倒在地，打算歇一歇、想一想要不要放弃时，却还依旧连滚带爬蹭出的一小步。

谁不曾在深夜中痛哭流涕？谁不曾在喧闹里怀念过往？谁不曾

在人来人往的街头泪如雨下？你爱错的人和走错的路都成了曾经。

好了伤疤的确会忘了疼，可这些疤都是生命里不可或缺的印记，值得被想起，庆幸曾经历。就算提前知道了结果，你还是会和当初一样选择。因为在你心里它就是一件对的事情，你仍然要做，而且无论如何也要把它坚持下去。

柴静在《看见》中写道："有些笑容的背后，是咬紧牙关的灵魂。"

每个人都可以有梦想，有激情，但只有知道怎么走，并且坚持下去的人，才能成为赢家。

## 人的一生愿望无数，但大部分都注定落空

讲回报的事，是种菜，努力有用；但讲机缘的事，是徒手抓沙，越握越少，越扬越多。有些事情，即使你付出再多努力，最后也可能白费力气。

有一段时间，我发现朋友大辉的日常画风变了。以前出了名的小愤青，每天都充满暴戾之气，现在朋友圈的图片要么是小花小草，要么是阳光下的街景。

我问他："最近怎么了，受刺激啦？"

大辉说："没什么，就是佛系了。"

"啊，你也能佛系，那全世界的人都得出家。"我很惊讶。

大辉解释道："不是你理解的佛系。"


他说最近有三件事触动了他。

堂妹跟男友闹分手，又来找他诉苦，渣男身上的缺点，他耳朵都已经听出老茧了。一下班就知道玩游戏，经常在微信里撩其他女生，脾气还特别坏。

他说这样的渣男不分手，还留着过年吗？堂妹说不甘心啊！

过一会儿渣男打电话来道歉，她屁颠儿屁颠儿回去了。大辉知道，还会有一次。


下班时，老板说明天上午十点开会，大家异口同声说没问题。为了赶上早高峰的地铁，不迟到，第二天大辉比平常早起了半个小时，连早饭都没来得及吃。

结果他九点半到公司，一个人都没有。临近十点，同事 A 在群里说还在地铁上，同事 B 说堵在路上，同事 C 说马上到公司，老板说会议改到下午两点。

这样的事情，这个月已经发生了三次。次次只有他当真。

喜欢的女孩儿要结婚了，回想起这几年来，他送过的鲜花可以开一家花店，吃过的日本料理、法国餐刷爆了每一张信用卡，说过的晚安持续了一千零一夜，他把所有的心思都花在她身上，却只换来了一句"我们是好朋友"。

大辉说："有时候感觉自己很失败，但是想想，人生哪有那么多心想事成的事，我只能做好我自己。我永远叫不醒沉溺旧情的堂妹，叫不醒浑浑噩噩的同事，叫不醒一颗不爱我的心，但是，这就是我啊，一个无论外界如何改变都不改初衷的人。因为我的一切坚持都是对生活的热爱。"

忘了在哪儿看过一个对"佛系"的评论，说得特别好："云淡风轻，对什么都毫不在意好不好？太好了，但必须守住一条，总有走心的地方。"

年少的时候，总会做几个心想事成的美梦。

比如，我小时候的梦想是开一家小卖部，卖零件。我妈到现在还嘲笑我，说我从小志向就不远大。

高中的时候，我喜欢写小说，发誓要写一部中国版的《百年孤独》，结果一年孤独也没写出来。

后来，看奥运会，我又迷上了骑马，最后，马拉爬犁倒是坐过……

人的一生愿望无数，但大部分都注定落空。或迟或早，我们都会来到人生分界点：突然意识到自己设计的成长路径，和真实生活没法兼容。这是一个沮丧的时刻，轻者会嘟囔一句"生活不好玩"，重者则会有缴械投降彻底躺倒的冲动。

只有忍耐过一种能让自己解脱的遭遇，成长的计时器才真正开始启动。

高一的时候，学校组织我们参加了一档电视问答节目。由于我的课外知识稍微丰富了一点，老师对我充满期待。我自己也跃跃欲试，没事就翻各种资料，查题库，心里想着，好歹答几题，拿个安慰奖。

结果，比赛当天，我第一题就答错了，灰溜溜地拿着答题板就下台了。

我非常难过，失败的情绪一直困扰着我。幸运的是，老师过来安慰我，拍拍我的肩膀，让我不用难过，这才减轻了我因失败而引起的自责。

失败能成为"心病"，是因为你觉得它牵扯到太多人的期待。但是有些失败，注定无法躲避，当你尝试释怀这些失败的经历，你会发现，没有失败的人生，是不值得过的。因为在这些失败的体验中，你比任何展现出成功一面的自己更真实。

马东曾说过一个关于"刻舟求剑"的比喻：

**每当遭遇生活意外，走入低谷，由于瞬间遭受到的冲击极大，很容易误以为以后的日子都是这样了。但生活还是比你我想象得长。每当觉得快要被生活压垮了，多提醒自己：不要看船，去看河。**

## 坚持不一定有结果，而是坚信这样做是对的

那么问题来了，如何走出人生低谷？

什么是低谷？对于不同的人而言，会有不同的标准，可有一种情况是适用于每一个人的：许你一个美好的未来，再一拳把它砸个粉碎，这个时候，就是你人生的低谷。

"知乎"上有一个答案非常准确：多走几步。

答案听起来有点儿不负责任，已经走出低谷的人当然明白个中深意，但对于身处困境的人而言，这样的回答反而少了点儿人情味，因为最难面对的是当下。

当爱情在现实的压力面前无处遁形，是该坚持，还是该放弃？当满腔热情在现实的职场里消耗殆尽，是该努力，还是该沉默？当心中的梦想被现实一次次残忍碾压，是该继续，还是该认命？

我们想不通，为什么满心期待的明天，竟然会如此残酷而冰冷？

你以为进了大公司、找了好工作，就会一步步接近成功，却发现自己是在一步步接近办公室斗争和永无休止的熬夜加班。

你以为摆脱了学生的身份，就能在社会自由发展，却发现自己只是进了名为现实的"大染缸"，洗掉了天真，也染上了世故。

你以为最好的年纪会遇见最爱的人，可事实却是，总是在最没有能力的年纪遇到最想照顾一生的人。

也许事与愿违才是生活最残酷的地方，让你兴致勃勃捧着一颗心来，然后千疮百孔地离开。

在无数个深夜里扪心自问：接下来，该何去何从？是分手吗？是认输吗？还是直接放弃呢？

**生活对每个人都既公平又残酷，它总会让你看到一丝希望，但当你鼓起勇气伸手去抓的时候，又消失殆尽，始终在挑逗你不要放弃挣扎。**

谁都有无比脆弱的瞬间，也有挫败到想放弃的时刻，你会因为无路可走痛苦流泪，也会一声不吭咬着牙走很长一段路。

一路走来，那些解决不了的问题，那些完不成的任务，固然会留下遗憾。但是深究起来，那些当时顺利的，也不过如此。反倒是那些挣扎、愤懑、不解、惶恐的瞬间，成了经验，成了教训，成了新的机缘，或者说得彻底一点，成了新的自我。

年轻最大的好处是什么？尽管此时不如意，但是我们还有机会。

这种机会，大概就是为自己做决定的机会。为自己做决定就能立于不败之地吗？当然不是，但这世上本就没有常胜将军。为自己做决定就不会走弯路吗？当然不可能，但人不能总靠研究分析过日子。

你以为的收获，可能是新的陷阱；你以为的错过，可能是新的起点。那些真正厉害的人，也只不过是在可以放弃的节点，选择了咬牙前进。这世上没有什么能一下打垮你，正如没有什么能一下子拯救你。至于未来到底会怎样，要用力走下去才知道。

电影《我是谁：没有绝对安全的系统》里有一句台词："假如生活送了你一个柠檬，你应该再加点盐和龙舌兰。"

这是一种很棒的喝法，把盐撒在虎口上，喝一口龙舌兰，舔一下虎口的盐，然后咬一口柠檬，我自己还真试了一下，味道非常棒。

这种充满诗意的喝法，解读方式就有很多了，柠檬非常酸涩，但配合着龙舌兰和盐就是极致享受，可以这样理解，当你遇到不好的事情，通过一些方式仍然可以转化为好的情况。

更简练一点儿的说法，里克尔有言："有何胜利可言，挺住意味着一切。"所谓多走几步，也就是坚持。

**生命中的各种奇迹、喜悦、梦想、美好，很多时候，最初都来自你在彷徨、犹豫、怀疑、惧怕的情况下，依然选择坚定向前。**

如果一件事足够重要，就应该去做，即使胜算不大。这不是冲动，这是一种态度，哪怕没有得到预期结果，会失落，但至少经历过，便不会因为没做过而后悔。还是那句话，没做过，又怎么知道不行呢？

我们坚持一件事情，并不是因为这样做了会有结果，而是坚信，这样做是对的。因为梦想有时会以别的身份出现，比如跌倒、挫折、希望、成功。

老板不想和你谈薪水问题，并向你扔了一个新人怎么办？

## 你有多稀缺，人间就有多值得

唯有对成功心心念念，成功才可能眷顾你一二。机会来临的时候，你挺身而上都未必抓得住，退后一步还有你什么事儿呢？

## 潮水退去，才能看清谁在裸泳

前几年，各大纸媒受到新媒体行业的冲击，广告收入大幅减少。当时我还在报社上班，报社领导打算拓展新媒体业务，并将这个任务交给了三十五岁的副总编小严，让他出任新媒体部门的代理总编辑。领导承诺，新媒体走上轨道之后，马上将他转正。

满以为小严接到这个任务一定非常兴奋，没想到他却显得非常犹豫和迟疑，他认为这个行业太新，而且报社相关资源又少，工作难度太大了。

如此一来，小严从态度上就变得消极起来，虽然也联系过几个行家，但是收效甚微，他也不太愿意继续追踪，反正就是拖着。

小严也曾请求领导调他回去做传统新闻，但是当时的位置已经被顶替了，而且领导也希望他再试试。说真的，领导选中他，也是看中了他的能力，希望他能带领报社重整旗鼓。

就这样两个月过去了，小严的工作没有任何实质进展，他自己觉得很无趣，又备感压力，干脆两手一摊，不管了。

领导见他干了这么长时间还不见效果，就让广告部的经理小王来协助他，小王不到三十岁，脑子活络，刚一到岗，就呈现出完全不同的精神面貌。

他并不比小严拥有更多的资源，他身上有一股韧劲儿却是小严身上没有的。比如他经常找同行取经，无论是新闻还是技术方面，只要需要的，他就去问，从不嫌麻烦。

几个月后，新媒体门户网站上线，配套齐全，很快就有了流量收益，实现了在新领域的零突破，也打响了报社的名气。

小严借机跟领导提加薪，但被领导委婉地拒绝了。还没来得及提第二次，小王却被老领导破格提拔为新媒体部门的总编辑，而小严依然是副总编辑。

小严面子上过不去，干脆辞职了。走的时候颇多怨言，说领导不让他回原岗位，还找了个新人挤对他。

后来我听说他去别的报社工作，当时大家都面临转型和适应市场，他变通不够、创新不足，无法适应这样的工作，职位一直都不上不下的。

如果还没弄明白自己为什么辞职就辞职的话，那就只是从一份工作跳槽到另一份而已。前一份工作不喜欢的那些东西，在下一份中同样还会出现。

选择留在自己的时代，属于少数人的浪漫和坚持，一切都变化得太快，快到你还没来得及对新时代做出反应，就已被打倒在地。

你在找归属感的时候，公司在看效益；你在谈人情味的时候，公司在看效益；你在打苦情牌的时候，公司还是在看效益。跟老板谈感情，你就输了。

**平台的价值每个人都知道，同样一双鞋子，放在路边摊和商场里，价格就不同，留出一点点能力和薪水的差额，用来换取潜在的机会和平台，非常划算。**

糟糕的公司哪里都有，刻薄的老板也遍地都是。如果你能咬紧牙关撑到最后，妥妥地用能力告诉他"老板，你看走眼了"，那才真的威风。

职场说到底也是成年人的生意场，每个人都是自己的老板。你的老板，你的同事，你的合作伙伴，都是你的供应商。他们身上的精华可以吸取，糟点可以避开，这样你的装备才会越来越多，在升职加薪的路上才能一路打怪冲关。

## 守株待兔的结果就是一场空

努力工作之余，还要学会展示自己，首先要让自己被看见，增加曝光度，然后才可能被认可。不能坐等机会，要主动争取机会。

有一次，我在常去的一家咖啡馆等朋友，正好看到 Mango 在独自喝咖啡，就打了个招呼，Mango 也经常来喝咖啡，我们遇见过几次，就成了朋友。

今天的 Mango 明显有点儿不对劲儿，心不在焉的，平时喝咖啡稍微有点咖啡溅到桌子上，她马上就用纸擦干净了，今天都干了也置之不理。

我问她是不是有烦心事。

Mango 说自己兢兢业业，业绩也特别突出，领导一直对她赏识有加。前段时间，她的部门领导离职了，她觉得这个位置非她莫属，过几天大领导肯定会来找她谈升职事宜。

无论是业绩、工作能力还是资历，她都是最佳人选。身边同事也都这么认为，所以一早开启了恭喜模式，这让 Mango 更加坚定了信心。

结果，乐极生悲了，最后升职的是一个男同事。

"我想来想去都想不通，为什么领导最后升了他，虽然我对他没什么偏见，但我还是认为我各方面都比他强。"她越想越委屈，就去找领导问个明白。

领导也很惊讶，说不知道她有这样的想法，每次看到她都是不争不抢，专心忙业务的样子，好像对管理没什么兴趣，就不想勉强她。

领导说："你要是准备好了，就应该来告诉我啊！"

Mango 事后回想，有一天下午，她看到那个男同事径直穿过开放的办公室，敲响了领导办公室的门，也同时敲响了他的上升之门。

"因为他足够想要，敢于主动出击，据理力争，连有可能分给我的，都给这样的人抢去了。"

我看得出来，Mango 的眼神里有落寞，但更多的是后悔。

**被动的结果，绝不仅仅是某一次失去，而是长期的生存困境。**说明你对即将发生的一切都毫不知情，也不愿打破这种虚假的和平。看似安安稳稳坐在皇位上，实则身处于充满偶然性的危险世界中。

所有的职场恩怨，都起源于沟通不够。努力的确会得到表扬，但是这里是有时间成本和信心消耗的，当你还时刻等待着领导的认可时，也同时被"公司不重视我"的猜测所折磨。

你以为一肚子才华横溢，不用吆喝，别人理所应当会看到你的才华；你以为心里美的人最美，不用注意仪表，喜欢的人会透过你邋遢的外表看到你有趣的灵魂；你以为做好自己、不争不抢，领导会注意到，并欣赏你的高尚品格。

不存在的，领导不是你的男朋友，没有义务去猜测你的小心思；他也可能是近视眼，你的努力，他不一定看得见。没有人能记住一个默不作声的人，一个毫不起眼的人，一个站在后排的人。最重要的是，你还没有优秀到那个地步，耀眼到全世界人都遮不住你的光芒。

"心里有数"这种事，并不常常能兑换出等值的"收获"和"职位"。"我行我上"比"实至名归"来得更野蛮，也更有生命力。

刚出生的孩子为什么会哭？因为孩子无法用语言形容自己的感受，他饿的时候只能哭，成年人依据哭声来判断他的需求，而长大后，学会了多种语言，反而不好意思表达要求了。

你有那么优秀的才华不施展出来多可惜啊！晒出你的优秀，让别人看见。哪怕被拒绝，你也会在尝试中不断成长，而沉默只会让你沦为小透明，失去存在感。

## 加薪不是问题，问题是：你贵在哪儿

升职加薪意味着你更贵了，所以，你真正要解决的问题是：你贵在哪儿？

能否升职加薪，并不是看你如何通过熬夜加班感动老板，而是看你有没有实力和老板谈条件，给你实际的回报。

职场中的好心态是：一方面不断提高自己的不可替代性，另一方面也要明白没有绝对的不可替代。

小严的离开让我明白一个残酷的事实：雇佣关系本质上就是一种利益交换，公司认可的从来就不是员工的付出，而是员工的价值。你赚钱的多少与你的劳动强度、技能水平有关系，但都不大，关键在于你的不可替代性。你不仅要赚到钱，更重要的是让自己更值钱，不然你的年龄在增长，个人价值却在贬值。

会 PS 照片的人有很多，但是能熟练运用 PS 的却很少。朋友圈会容忍你 P 过的照片，而生活根本不会给你长期自欺欺人的机会。

一个人工作几年之后，最怕除了工资之外什么都没得到，没有人脉，没有技能。这样的人面对变故时很难接招，只剩下愤怒、抱怨和叹息。

职场不存在绝对的安全感，寻找属于自己的职场竞争力永远比拉下几个潜在的威胁者重要得多。如果不同步提升自身竞争力，同级别对手只会越来越多。别说抵御风险的能力，恐怕还完贷款的能力都有问题。

任何一个时代，不可替代性永远是你手中最重要的筹码。别人不能做的事情你能做，别人能做的事情你做得比别人好，别人做得好的事情你能做得比别人更细致。

我认识一个前公务员，他辞职后，很多人都佩服他脱离体制的勇气和魄力。其实那不是勇气和魄力，而是不断提升自己，锤炼出能随时脱离体制、融入其他职业体系的能力。别人在虚度光阴时，他挤出时间考下了好几个含金量很高的职业资格证书。

白岩松曾说："一个人的价值、社会地位和他的不可替代性成正比。"一旦拥有了这种"不可替代性"，就不再是"我能不能在这儿，而是你留不留得住我"的问题了。

严格意义上讲，没有谁是不可替代的，地球离开谁都照样运转。既然如此，那努力让自己变得不可替代还有什么意义吗？当然有！那样的话，即便是替代，那替代你的成本也会很高，而这对很多人来说，不正是努力奋斗的意义所在吗？

选择权并不是只在老板手中，谁强大，谁就是规则。别跟老板谈感情，没事谈谈价值谈谈钱，一点儿也不丢人。你若能做到无可替代，老板只夸你不给你奖金，这是老板耍流氓；如果你没业绩，想通过努力感动老板、升职加薪，那是你耍流氓。

多学习，多扛事，多攒经验，积累自己的核心竞争力，提高自己的不可替代性。无须让老板感动，要让他需要你。

人生为什么需要 Plan B？

## 没有准备成功的人，都是在准备失败

　　风险早就摆在你面前了，你却天真地以为所有猛兽都是吃素的，不会伤害你这只小绵羊，请不要再搞笑了好吗？

## 不是所有的弯路都非走不可

之前和朋友聊天，发现他最近有点儿颓丧。

他说毕业后就来到现在的公司，已经三年半了。工作内容每天都一样，没有任何变化，当然薪水也在原地踏步，感觉生命在一点点被浪费。

对现在的工作早已失去了兴趣，不知道自己的工作价值在哪儿，不是没想过要离开，但是受制于自己的经历与背景，感觉遇到了职业的天花板。想跳出熟悉的环境，但如何保证下一家公司不是个"坑"？

听听这段话，是不是特别耳熟？工作一段时间后，很多人会力不从心、郁郁寡欢，感觉每天都是煎熬。这就是所谓的职场瓶颈期，也就是走进了死胡同。

没有钱、没有阅历、没有人脉，这些都不可怕，关键在于你看问题的视角。对于人生的大小问题，有的人把它看作瓶颈，而有的人则把它当成机遇。这一切，取决于你是否敢于另辟蹊径。

有一段时间，我特别信奉一句话："人生没有白走的路，每一步都算数。"

后来，经历了一些事情之后，我有了新的领悟，但并不想推翻这句话。我依然很相信，只是有了新的领悟，并不是所有的弯路都非走不可。

小时候，我喜欢玩红白机超级玛丽，闯关游戏总是特别让人着迷。刚开始的一些关卡很容易，后来玩到一关，怎么也过不去。

我想，是不是因为我的手法不熟练，然后就拼命练习，可还是过不了关。

玩到后来，厌倦了，破罐子破摔吧。随便乱走，没想到却发现了别的出路。原来，人家这个游戏就是这样设计的，你要找到隐藏路线才能通关，否则就算玩到停电，也过不了关。

一开始的方向就错了，意识到却没有及时做出改变，反而会在弯路上越走越远。

很多时候，我们都在做一些重复的、没有意义的事情，有的可能连自己都不知道，有的却揣着明白装糊涂。游戏如此，生活和职场亦是如此。

有的人和一个自己不爱的人，过着过着就是一辈子，也有的人做着一份不喜欢的工作，干着干着就耗费了整个青春。或许你认为，怎么样都是过，没有那些走过的弯路怎么知道什么是对，什么是错。

其实你只是给自己找台阶下，为了让那些走过的弯路没那么难堪而已。如果一开始就有得选，想必没几个人会选择走弯路。

**固执不是坚持，它是一味相信自己的死理，明明走在一条黑路上，却浑然不知。**

在这个瞬息万变的时代，谁也不知道你会在弯路上错失什么，能做的只是尽早去改变，找到正确的方向。人生重要的机会就那么几次，因为走了弯路而错过的，或许比你想象到的损失要多得多。

遇到爱不到的人，闯不了的关，走不下去的路，也许就是在提醒你该改变方向了，这些节点，看起来是挫折，其实也是机遇。

每个人都在等一个机会，而在这个机会来临前，要预先做好各种准备，无论是人脉资源、金钱积累还是个人能力……

如果机会只敲一次门，你能做的就是尽快抓住。做事的魄力，关系到一个人抓住机会的能力，而一个稍纵即逝的机会，就会决定整件事的走向。

像那句至理名言所说的："如果火箭上有个位置，你要做的是赶紧跳上去，而不是计较位置好坏。"

## 你迟早会遇到那只可怕的黑天鹅

现在的人最喜欢问的问题就是："我很迷茫，该怎么办？"

我的一位亲戚，大学毕业后在银行当柜员，十年如一日地数钱、清点账单。刚开始她也不甘心，自己一身才华却用来做重复工作，除了工资和福利在开始几年比同龄人高一点儿外，没有其他优胜的地方。

但她迷恋现在的状态，所以就算内心有很多迷茫和挣扎，还是选择保持现状。

随着这两年银行的不景气以及操作智能化的发展，不需要那么多柜员了。她被单位分配到活更累、钱更少的岗位上。她现在很想跳槽，可是已经没有跳槽的本事了。而且她一直没有危机意识，毕业了就再也没看过书，现在每天就担心连这份机械的服务工作都被智能化代替。

思想家塔勒布提出过一个概念——黑天鹅理论。

什么是黑天鹅？十七世纪之前，欧洲人在看了成千上万的白天鹅后，得出结论："天鹅都是白色的。"直到有一天，他们来到大洋洲，发现这里居然还生活着黑天鹅，"啊，世上原来还有黑天鹅存在。"

他们关于"天鹅是白色的"的信仰立即崩塌。

根据这个意外的黑天鹅事件，塔勒布提出了著名的"黑天鹅理论"："不可能发生和无法预测的事件，存在于世界上每一种事物之中。"

不要因为你没有看到黑天鹅，就以为这世上不存在黑天鹅。塔勒布总结说："这世上唯一不变的就是变化，每一种事物、每一个行业，都迟早会迎来那只可怕的黑天鹅。"

不要把所有的鸡蛋都放在一个篮子里，这是一个简单的道理，但是做到的人并不多。人生最大的风险是把自己的命运都放进一个篮子里，押上自己全部筹码，等到岁月变迁时才惊觉自己整个人生被套牢了，身价一落千丈。

很多偶然性的风险之所以破坏力巨大，并不是因为风险本身威力大，主要是你对风险熟视无睹，毫无准备的你被生活打了一个措手不及。

**所谓"措手不及"，不是没有时间准备，而是有时间的时候你没有准备。**

彩虹是两个孩子的妈妈，自从大学毕业后，她就嫁人生小孩儿，在家专心做主妇，家庭是她人生唯一的支点，外面的一切似乎都和她没有任何关系。

去年，她硬着头皮出来找工作，原因是丈夫出轨了，要跟她离婚，还把她的附属卡冻结了。她带着两个孩子，不知何去何从。

她就像《我的前半生》里的罗子君，不谙世事，在最好的年纪把全部身家都押在丈夫和家庭里，一旦出现变故，其艰难可想而知。

彩虹和子君一样没有其他技能傍身，找工作处处碰壁，后来好不容易在一家培训机构找到一份文员工作，但工资对于家庭开支而言杯水车薪，日子过得很拮据。

有一次，她和我聊天，大哭一场，觉得自己的人生完了，家庭支离破碎，事业毫无成绩，曾经信仰的爱情也一地鸡毛。

从结婚开始，彩虹就没有朋友、没有社交、更没有工作，人生的支点只剩下家庭。一旦这个支点消失了，她的世界也随之崩塌，在社会里没有任何竞争力。

任何一个舒适区待久了都会有成为"温水煮青蛙"的风险。当你将自己的人生孤注一掷放在一个支点时，就要准备承受满盘皆输的结果，因为你随时可能遇见自己的黑天鹅。

没有万无一失的人生，只有做好准备，当上帝关闭了你人生的一扇门时，你才有能力打开一扇窗。

你要有资本在也好、很好和更好之间选择，而不是面对生活的刁难，不得不一次又一次在差和更差之间权衡，最终难以翻盘，越陷越深。

## 世上没有后悔药，你可以有 Plan B

当你孤注一掷把命运押在某个"唯一"头上的时候，实际上你是处于自我封闭和焦灼无序的状态，以为只有这狭窄的途径，才是抵达目的地的独木桥，无法设想在另外的情形下，还有其他道路可行。

每个人都会面临各种各样的人生风险，一帆风顺是不可能的，希望你不要对那些大概率风险视若无睹，等到风险来了又毫无准备。毕竟，被生活打趴下容易，想爬起来就难得多。

三角形有三个支点才具有稳定性，人生也一样，有多个支点才能越走越稳。所以，你一定要给自己安排 Plan B，甚至 Plan C、D、E……

这一生，有多少人能那么幸运嫁给初恋的男生，然后白头到老；又有多少人能那么幸运一毕业就从事自己喜欢的工作，然后在同一个行业里，创造辉煌。太少了。

每一个人都很难做到永远是 Plan A 走到底，很多时候，我们需要 Plan B 来创造新的生活。

Ella 是一个出色的投行经理，突然有一天宣布，她要辞职了。问她辞职干什么，她说要去考古。听到的人都很惊讶，从来没听过她有这个想法。

很多人都劝她，你是做金融的，和考古毫无关系，不客气点儿讲，你压根儿就没有这样的天赋。且不说你放弃金融，放弃现在的工作是否值得，就没好好想想，考古，你行吗？

我永远记得 Ella 告诉我们这个消息的样子，那么洒脱淡然，却隐隐透着一股不服输的劲头。没有婆婆妈妈地担忧以后怎么样，没有找任何人商量这个决定是否有风险，没有絮絮叨叨和我们说未来如何如何，或者她多么热爱。就是一句再见，摆摆手，后会有期了。

她没有拖泥带水，办好了离职手续，重回校园，过起了学生生活。

后来，我们看到她朋友圈里分享着一次又一次的考古实习体验，风沙再大，也吹不散她眉宇间的热情。

她常常在群里兴致勃勃地说着如今的生活，那时在投行上班从来只穿正装的她，突然在一瞬间生动起来了。

我们问她，为什么会有这样的决定？

Ella 说："人人都想拿最好的 offer，赚高薪、住豪宅、嫁给高富帅，但人生不可能永远是这样的 Plan A。你要走过很多路，见过很多人才知道，其实也可以有一个 Plan B，放下执念，便是新的生活。"

每一个很酷的女孩儿，都有 Plan B，她们手里永远握有选择的资本和底气。

人生永远都不止有一种活法，没有绝对的正确，也没有确保无虞的康庄大道，每种生活都有代价。我们经历的都是全新的问题，我们都要去寻找各自的出路。

无论是那些站在云端成名成家的人物，还是我们身边的普通人，所有光鲜的背后，都曾熬过无数个不为人知的夜。

你总是希望能被世界温柔相待，但这个世界上的温柔本就有限，凭什么会落到你头上？聪明的人，都懂得先准备好自己。生活的精彩，从来都只青睐于那些时刻准备着、努力的、不甘一成不变的人。

你不能因为看到好的结果才去努力，而是足够努力了，才有资格得到好的结果。

　　人生不如意十之八九，是因为真正快乐的那个一二，就藏在 Ella 抛开一切去研究考古的历史里，也藏在你终于有机会到远方，发现每片海域的海水都呈现不同的颜色，每个地方的风土人情都各有不同。

　　自由自在的人生，不是随时随地出去旅游，不是上班不受领导约束，而是在每一个你想要改变，想要尝试一种不同的生活，想要再往前走一步的时候，永远都有选择的权利和能力。

　　做自己的决定，然后准备承担后果。从一开始就提醒自己，世上没有后悔药吃，而你永远有 Plan B。

　　什么是幸运？就是当你准备好时，机会恰巧抛来绣球，你正好有本事接得住。只有万事俱备的时候，才能御风而行，送你上云端。

分手很久了，一直走不出来怎么办？

## 爱若难以放进手里，何不将它放进心里

　　爱情不是只有花前月下和海誓山盟，爱情还有分崩离析和地动山摇。有些人，就是用来错过的。或许，遗憾是感情最有余味的一种结局。

## 从前羞于告白，现在害怕告别

前两天晚上，我、纳尼和沃特又一起约饭了，依然是同一家餐馆。虽然我们从小就被教育食不言、寝不语，但是我们都喜欢吃饭时诉说烦恼，因为食物才是最好的治愈。

这次主题变了，我们是来安慰纳尼的。之前说过，纳尼和男友之间一直有点儿小矛盾，在小吵闹中度过了六年的时光。双方家长也见过了，都很满意，就等着结婚了。

有一次，因为一件小事，两个人大吵了一架。纳尼突然发现他们之间早就出现问题了，只是她不愿意承认。她仿佛能够预见到以后的生活，隔几天就小吵一次，想想真的很心累。感情到了这种地步，再僵持已毫无意义。

经过反复思量，纳尼决定向男友提出分手。她想过各种理由，性格不合、价值观差异大、忙于工作……却怎么也无法说出"不爱你了"这样的话。

最后，她选择了一种特别普遍的分手方式：微信分手。

她发微信给男友："我们不合适，还是分手吧。祝你找到比我更好的人。"然后就删了对方，连带着电话、微博、QQ，所有的联系方式都删除了，彻底从男友的世界消失。对方也没有找她，似乎也接受了。

半年之后，纳尼从共同的朋友那里得知，那次分手对前男友打击特别大，一直都没能走出来。他经常喝得酩酊大醉，不停地问朋友："她怎么连说话的机会都不给我？我是不是很差劲？"

纳尼说："就算是分手了，他也从来没说过我一句坏话。那一刻我真的很后悔，我怕伤害他，以为这样分手是保护他，现在想来，我只是在保护自己。我是不是挺渣的？"

我和沃特不约而同地点点头，又马上摇头。

这种分手方式也算不上渣，却很伤人。从一而终的感情，越来越不容易，可是分手这件事，能做得漂亮点儿吗？

**比起好好告别，我们似乎更擅长逃跑。很多人误以为，不当面告别就能减少痛苦和伤害，其实只是不敢主动面对分离的借口。**

没有分手是不带着痛的，因为那常常意味着失去。逃避告别，是害怕痛苦、难过，但如果只看到这一点，就很容易错失告别这件事真正的价值。

告别是一种决定，也是一种仪式。比起勉强维持一种模糊不清的状态，郑重地结束一段关系、一份工作、一种生活状态，意味着你经历了一次完整的周期，你可以放下过去继续前行了。

我认识一个很会处理告别的朋友，是很温柔很绅士的男生，分手时约了女友在她最喜欢的咖啡馆见面，感谢女友一直以来的陪伴，也说清楚了两个人为什么无法走下去。

听他说完，女友哭了很久，最后很平静地接受了他的提议。男生并非不难过，在做这个决定之前，他已经经历了漫长的内心挣扎，才认为分手是最好的选择。

认真告别，代表你认真对待此前所拥有的那些经历，更能减少痛苦。它意味着你决定正式结束一段关系，重新开始新的生活，对对方来说也是一种解脱。

真诚而不失优雅的告别，真的没那么难，别让那个人在风中等你，那样太残忍了。因为带着疑问，是很难继续前行的。

## 你是想起他了，还是想他了

喝了酒的纳尼，脸色微微泛红，看着隔壁桌的一对情侣若有所思。

我说："纳尼，你是不是想复合啊？"

纳尼说:"没有,只不过有时候想到他,想到我们六年的感情,还是觉得有点儿可惜。他一直对我挺好的。"

这时沃特突然精神起来了,说:"其实真没什么可惜的。"我和纳尼一起看向她。

沃特给我们讲了一件事。半个月前,她买了一箱大闸蟹,连自己吃带送人,还剩几个没吃完。

海鲜就是要吃新鲜的,稍微不新鲜就容易坏肚子。看着那几个大闸蟹,扔了吧,觉得可惜,那么贵;不扔吧,怎么感觉味道怪怪的。

最后,以勤俭持家出名的沃特一咬牙,全部吃完了。

结局当然非常惨烈,急性痢疾,请了好几天假,在家不停地穿梭于卫生间和卧室之间。不仅耽误了工作,还花了不少钱,这些钱足够买好几箱大闸蟹。她肠子都悔青了。

她问我们:"你们说吧,我应该吃掉那几个大闸蟹吗?"

"当然不应该啊,还新鲜的时候为什么没拿给我吃呢?"纳尼叫嚣着。

"你不是出差嘛!这不是重点好吗!别打岔,我想说,从我发现那几个大闸蟹坏了的时候,就应该扔掉,可是我不舍得。这就和你那段已经走到尽头的感情是一样的。太计较已经投入的情感成本，会让你在未来损失更多。"

没想到沃特对爱情的理解这么透彻，不愧是优秀的投资顾问。我之前还真为纳尼的那段感情可惜呢！再联想到这些年娱乐圈相处几年甚至十几年的情侣分的分、离的离，也会忍不住觉得爱情幻灭。

沃特又说了一句让我印象特别深的话，她说："你觉得可惜，是因为你没搞清楚自己是想他了，还是想起他了。"

这句话特别有玄机，想起一个人，是有一天你在听到一首熟悉的歌时，会想起曾经有人为你唱过，记起那个人是他。

路过一家品牌服装店，看到一件深蓝色的夹克外套，想了很久，原来是在朋友发的朋友圈照片里看到他穿过。

买咖啡的时候，听到前面的男孩儿说少冰少糖，隐隐约约觉得以前有个人也经常在你旁边说起，才记起是他。

而想他呢，真的不是这样子。以前害怕忘了他，你总是一直单曲循环那些他为你唱过的歌，即便很难听也舍不得删掉，因为听到那些歌时，仿佛他就在身边。

收拾旧物的时候，会把他送给你的那些礼物，小心翼翼地拿出来端详很久，常常看着一个很普通的小摆件，都会忍不住流泪。

坐公交车的时候，明明有很多选择，你非要坐某一路，因为他当初经常坐这路车送你回家，仿佛现在还有他的痕迹。

总有一天，你会发现，你只是想起他了，而不是想他了。从前心心念念的那个人，让你在深夜辗转反侧的那个名字，在不知不觉中就慢慢淡了痕迹。

一段感情结束了，没有什么可惜的，因为已经陪对方看过了很多风景，只不过接下来的路，你们需要各自安好。

死守时间，很愚蠢，明知道无法再继续，还要坚持，更愚蠢。过去的已经过去，但未来还很漫长，你应该重新出发。

## 刻意去忘记，无非是另一种想念

你到底有没有忘记那个已经不可能在一起的人，你过得到底好不好，没有人比你更清楚。

看过一个只有三句话的小故事。

"你还没忘了他吗？"

"早忘了。"

"可是我还没说是谁啊！"

大概很多人看到这三句话，都会不由得苦笑一声吧。

我们都曾爱过几个人，喝过失恋的酒，撒过失恋的疯；我们都曾陷入一段刻骨铭心的爱情，以为自己再也走不出来了。

还记得朋友 M 豆说要出国，他边喝边哭，直到最后不省人事；还记得朋友糖糖因为分手在阳台哭得撕心裂肺。

有时候，甚至希望遇到的那个人是人渣，这样当他走了之后，你只记得恨，而不是曾经的美好。可惜，那个人不是，那个人是和你创造过很多美好回忆的人，无论时光怎么变迁，他都是会发光的。

**所有自以为的喜欢，说到底，都是难舍自己；所有自以为的痛苦，说到底，都是心疼自己。为什么总是忘不掉，也走不出来？很简单：潜意识里不愿意。**

哪怕理智已经呼喊了无数次"忘了吧"，感性却习惯调取记忆的画面来表达"再等等"。每一次幻想，都是一次自我安慰；每一次回望，都是一次心存侥幸。可是再精彩的前情提要，都注定要沦为独角戏。

糟糕的生活，磨灭的是幸福感，滋生的是压抑、是幽怨、是愤愤不平，使我们不能平和地看待真实世界，不能宽容得接受和学习，越来越偏执，再也没有希望。

没有谁能彻底忘记一个深爱过的人，生活不是狗血剧，不会在紧要关头给你一场离奇的车祸，让你失忆。

你要做的不是遗忘，而是放下，即使回忆还在，但你也要开始新的生活。就像堆在书架底层的旧报纸，你不会刻意去想起，也不会特意去清理。

真正地放下，从来不是删除或者拉黑，所谓放下，是心里不在意。

他的手机号躺在那里，你不会再在深夜辗转反侧的时候想拨通它；他的微信不再置顶，你不会再有那么多欲言又止的心事想告诉他，不再期待他的对话框也显示正在输入；他的朋友圈还是在更新，只是快乐还是忧愁，都不会再牵动你的情绪了……

每个人都很怀念青春里那个为了一份简单的喜欢就不顾一切的自己，也很怀念那段让自己成长、变勇敢的时光。

无须刻意去忘记一个人或者走出一段感情，刻意去忘记，无非是另一种想念。岁月终将抚平内心的褶皱，旧梦安放到自然的位置，当初的痛不欲生成了少不更事，眼下的风平浪静也算水波温柔。

**分手是为了离开一个糟糕的环境，而不是为了去找一个更好的人，就像丢垃圾，只是为了丢垃圾而已，跟以后能不能买到好东西是两码事。**

想着念着也好，酸涩是爱情的一部分，而时间这味解药，从不厚此薄彼。为什么要逼迫自己忘掉前任呢？不逃避不遗忘，也能领略命运的深意，这才是成长的本质。

太阳照常升起，也如往常落下，你在新的生活里过得很好，突然发现自己很久都没想起那个人了。因为已经不再重要，所以不再想念，这才是真正放下。

你明明很努力，却还是比别人成长得慢，一定是装的吧？

## 我们都没变，只是露馅了

"没有功劳还有苦劳。"这句话早就过时了，现在流行"没有功劳，你的苦劳不值一提！"如果你打了半小时牌，仍然不知道谁是菜鸟，那么你就是。

## 请不要假装很努力，因为结果不会陪你演戏

刚毕业的时候，我去了一家本地知名报社的下属报做记者，正好赶上报纸做专题栏目，由于部门人手紧缺，主任就让我协助老记者。

当时我毫无经验，为了完成任务，真是加班加点地干活，一会儿帮这个记者找资料，一会儿帮那个记者采访，一会又去联系摄影记者出去搜集素材，忙得头顶冒烟。

每天都加班，也不知道累。心里还美滋滋地想：领导肯定觉得我很勤劳，天天主动加班，上哪儿找我这样的员工。

有一天晚上，我在单位猛敲键盘写稿，同事们都下班了，只有领导办公室的灯还亮着。忽然，我听到领导办公室的门响了，脚步声由远及近。

领导来了，真是天助我也！我心里要乐开了花，终于被领导看见了。

脚步声越来越近了，我又紧张又兴奋，心里猜想着领导会怎么表扬我呢？

走到我身旁，领导停了一下，说："加班啊？以后要想想办法，提高效率啊！"

我当时什么心情？犹如一盆冷水从头浇到脚。我努力克制住自己，平静地说："知道了。"

领导点点头，轻轻地走了，正如他轻轻地来，不带任何感情色彩。

看着领导远去的背影，我的心态彻底崩了，键盘也扔到了一边：我这么努力加班，不表扬我就算了，还要我提高效率！果然天下领导都是一样冷酷无情、无理取闹。

然而事实很快来打脸了，这项工作没给我带来任何实际奖励，我只是东跑西颠地负责一些边角料的工作，像样的稿子一篇也没写成。

**很多事跟考试是一个道理，只看你是否达到了合格线，是否努力过根本就毫无意义。**

生活中，和我有类似情况的人可不少，每天都能看到他们在朋友圈花式秀努力：昨天是加班到十二点的公司外景，今天是这个月长长的书单，明天是一本崭新的单词本，后天是健身房里挥汗如雨的身影。

可是朋友圈一片如火如荼奋斗景象的背后往往是这样：加班到半夜是因为白天一直刷手机，任务没完成；列的每月书单，是网上促销时一次性买回来的，却只是拍照发微博；每次一晒完单词本，就丢到一边去回复朋友圈里的点赞和评论；看到别人的马甲线心生羡慕，买了瑜伽垫，过了一年还是崭新的。

花费了时间和金钱去学习来缓解焦虑，但并没有收获和成果；又会因为时间和金钱的花费而产生更大的焦虑。

这是很多年轻人普遍的痛苦："为什么我已经这么努力了，还是不行？"可能我们都没有意识到，这些的努力，只是在感动自己而已。当你已经很努力了，却并无起色，多半是方向错了。

读过一篇鸡汤，就感觉自己斗志昂扬，转发到朋友圈，就感觉在自我鞭策。明明什么都没做，却沉醉在自我感动中。

朋友圈的打卡会给自己留下一个已经努力过的幻象，这个幻象成本极低，点赞和反馈却能预支成功的快感，而忘记脚踏实地。

**最不求上进的人莫过于只会制造努力假象，却没有行动的人。勤奋它是一种结果，不用通过晒去证明。**

总是不安于现状又没勇气改变，做着无效的劳动却自我麻痹已经尽力；怀揣着奋斗梦想的心，却没有践行梦想的命；习惯于把"想做"当成"在做"，把"在做"当成"做到"；刷着手机想通过别人的生活寻求激励，关上手机仍然是该干吗干吗去。

人是趋利避害的动物。当两件事同时摆在面前，一件事简单，一件事困难，大多数人会选择先做简单的。

每天安慰自己：我很努力，我对自己的状态很满意。实际上，每天真实的收获微乎其微。等检验结果的时刻到来，这种勤奋的假象一戳就破。

## 低质量的忙碌，不如高质量的专注

最近，希文遭遇了事业上的"滑铁卢"。原因是业绩不突出，被踢出了公司的精英小组。想当初，希文进公司两个月就以最有前途的员工身份杀入精英小组，这是希文最光辉的历史。

希文觉得很委屈：明明我是公司最勤奋的员工，永远都是第一个上班，最后一个下班。办公桌上是各种专业类书籍，手机里都是各种提升业务能力的资料。而且任劳任怨，和同事相处也很融洽，她不明白自己为什么被踢了。

我也为她叫屈，为什么看上去如此优秀的一个人，居然在业绩上做不出任何成绩，到底是哪里出了问题？带着疑问，我观察了希文每天的工作状态。答案很快就出来了：希文的努力，很不走心。

她每天确实很早就到公司了，但冲咖啡、吃早餐、浏览网页等杂事占据了她不少时间，虽然她八点半就进了办公室，但她真正投入工作的时间却是九点半。

希文工作时，虽然不怎么和周围的人说笑，但电脑上的 QQ 和微信页面却随时在跳闪，她放在键盘上的手指几乎没有停过。

我还发现，希文桌子上的书从来没看过，几乎都是未拆封或者拆了却没看过。这样一对比，希文的加班，其实只是弥补了她浪费掉的工作时间，并不是勤奋使然。

小组其他成员一个小时能处理完的事情，希文要花四个小时，在工作量不变的情况下，工作效率低了，工作时间就自然而然地延长了。

前辈们总是告诉我们：要获得就得先付出，先努力。但他们却忘了告诉我们，并不是所有的努力都能有收获。

如果一个人整天嚷嚷着"我很忙""我忙死了"，却没有产生任何价值，这种行为通常情况下称为"瞎忙"。

为什么大脑和双手明明都在高速运转的我们到头来却是瞎忙一场？

为什么在电脑前马不停蹄的我们总是不能准时下班？

为什么我们的幸福感在逐渐下降？

想想看，你一天的工作是否基本上是这样开展起来的：

电脑屏幕上同时打开数个网站页面，Word、Excel、PPT 等软件开了十几个；写一会儿报告，刷一下网页，查一下资料，收一下邮件，回应一下客户；更常见的，是一边开着微信聊天，一边工作……

绝大所数人都有这些习惯，因为任务繁多，让我们越来越追求高效，总是在同时处理多件事，以求提高自己的工作效率。却不知，这种所谓的"高效"，正在慢慢谋杀你的效率。

所谓的一心多用，并不是大脑在并行处理信息，而是思维在多个任务和信息流之间跳跃转换。每次转换都必须重拾任务，要付出更多的时间和精力成本。

**电子游戏之所以对你那么有吸引力，是因为它不像你的人生，要么无所事事，要么毫无头绪，电子游戏里的你始终有着明确的人生使命。**

上高中的时候，班里有一个女生特别勤奋，上课的时候，她总是在疯狂地记笔记，书中空白的地方都写得满满的，下课也要堵着老师问上 N 个为什么。

不管老师提到什么参考资料，必须弄到手；不管老师有什么教学课件，必须拷贝回家。但她学习一直处于中下水平，倒数几名的同学随时努努力就能将她超越。

现在回想起来，就是因为她上课埋头抄笔记，错过了跟随老师的思路去思考问题，知识点抄在笔记本上而不在脑子里，仿佛买了教材或拷贝了课件就学会了所有知识。

说白了，她就是听课的时候不够专注，课堂上的知识点你不掌握，课后怎么也补不了。

职场中更是如此，在同时处理多项复杂的任务时，你的工作效率会变得惊人的低下。

举个最简单的例子：你可以尝试着一边听一段高考难度的英语听力，一边看三十条微博。做完之后试着回忆一下这两个内容。然后你再试着单独去看三十条微博和听五分钟的英语听力。由此，对比一下你的理解效率，你就会知道专注所带来的影响了。

有一句谚语：若同时追两只兔子，你一只也抓不到。

成长速度快的人，职业生涯规划是一场接力跑，人生的每个阶段，他们所做的每一份工作都为了一个共同的目标发力，而不是让不同的工作相互抵触，做无用功。

成长速度慢的人却缺乏这种认知，他们不仅在职业规划上东一榔头西一棒子，就算在一个行业里面也没有相应的目标和专精的领域。

## 你的深度思考能力正在被摧毁

**那些瞄一眼就看透事物本质的人和一辈子都拎不清重点的人，注定有截然不同的命运。**

每个人都有自己的死穴，有时候越勤奋，死穴越深。

很多人思维敏捷、知识面广，却因为某种死穴，选择在错误的路上埋头狂奔，越陷越深。就像美团创始人王兴曾经所说的："有些人为了逃避真正的思考，愿意做任何事情。"

我有一位旧同事C，是办公室里出了名的加班圣手，单看他平常的表现，不给他颁个"优秀员工"的勋章都眼瞎，但看工作绩效和客户反馈，却落差强烈。

一个客户私下跟我们经理说，要不换同事D来跟进他们的单子吧，C很认真努力，但跟他对接工作感觉很累。

客户指定的D，办公软件熟练，各种盲打和快捷键溜到飞起，拎得清重点，更能理解客户需求，他的总结能力在部门无人不知，能在接到任务后快速有效地执行。

天道酬勤，但酬的不是假勤。要勤，就要勤得其法，勤得其所。有些人的勤奋，不是为了取得一个好看的结果，而是为了缓释内心的焦虑，把勤奋当作目的，而不是手段，把勤奋当作习惯，而不是方法。

面对输入和输出的高度不匹配，他们觉得付出过了就问心无愧、无怨无悔，结果不理想只是运气不好罢了。这种为了勤奋而勤奋，最误人，也最伤人。

忙得心安理得的人，有一种潜在的危险。他们长满老茧的神经末梢，意识不到精力的消耗，觉得自己忙来忙去的事情理所应当，没想过还存在其他快捷方式，可以更省时有效地完成。

这种人活得像小鸡啄食一样，不断地点头点头点头，脑子里只有"去做去做去做"，但只是机械地重复日常工作。

一句"天道酬勤"不知把多少人坑成了传说中的"劣质勤奋者"。

**"一万小时定律"是说一万小时的练习能让平凡人变成大师，但是"一万小时定律"背后有一个大坑——长时间的反复练习并不是必然导向成功，甚至能把你练废。**

低水平的重复练习确实能带来熟练的技能，但同时会让人沉湎于技能带来的自满中，不再进步，不再思考，甚至变得麻木。我们常说熟能生巧，可是技能"熟"到不用想就"巧"的份儿上，也许你在这个领域的提升空间就戛然而止了。

不爱思考的人，正在慢慢失去深度思考的能力，变得越来越肤浅、越来越缺乏内涵。

亚里士多德说过："人生最终的价值在于觉醒和思考的能力，而不只在于生存。"如果你不想总是脑袋空空，带着混沌的大脑碌碌无为地度过一生，你应该拥有思考的能力。

不要逃避思考，慢慢培养自己过滤信息、逆向思考的能力，才能活出更有深度的自己。

成熟的人从失败中总结原因，幼稚的人却习惯把责任推给世界。失败者最常用的感言是："我都这么努力了，为什么还不行？"

如果你总是自我感动，就会陷入"好像在奔跑，却没有方向；似乎努力了，却没有结果"的怪圈；如果你总是一心多用，不仅没有效率，更有可能将所有的事情都搞砸；如果你只记得身体的勤劳，忘却了头脑的职责，那么你只是在做重复性的工作，无法获得真正的成长。

没有行动的规划和无效的努力，就像身体里的癌细胞，难以

剥离却危害致命 。

　　世界上有两种做事情的方法：一种是加法，一种是乘法。

　　为了达到成功，做加法的人选择付出大量时间，获取海量信息；做乘法的人选择付出尽量少的时间，只掌握事情核心的规律，以及能够被应用到不同领域的思维模型。而最后，成功的人往往是后者，因为他们掌握高明的思维方式。

　　在人生的游戏中，有目标地前行，有选择地坚持，有效率地打拼，才能多一分成功的可能。

你那么努力地想出众，为什么总是会出局？

## 众人都走的路，再认真也成不了风格

"允许别人和自己不一样，允许自己和别人不一样。"理解了前半句，就能做到包容；理解了后半句，就敢活出自我。

## 那些听不见音乐的人，以为跳舞的人疯了

"也不知道从什么时候开始，我的生活就像一场便秘，无论我怎么用力，也始终找不到释放负能量的出口。"

表妹说这话的时候，我们正在吃火锅，此话一出，我差点儿没恶心死。看来，她现在真的很烦躁。

表妹从小就喜欢做各种手工，她做的手工娃娃精美可爱，惟妙惟肖。毕业后，她想自己创业，开一家小店，靠自己的手艺挣钱。她说，年轻人就应该多历练，开阔视野。碰壁不是问题，压力大不是问题，暂时赚得少也不是问题。所谓事在人为，关键还得看自己。现在的实体经济虽然大不如前，但是要是能做出自己的特色和风格，还是可以在市场上分一杯羹的，而且她对自己的作品非常有信心，她自己有一家淘宝店，生意非常好。

在朋友的介绍下，有家公司表示愿意以入股的方式投资她的小店。

可惜创业梦还未开始，就遭到了家人的强烈反对。

"干这个有什么出息？在淘宝上玩一玩就算了。"

"你这样不行，将来肯定会后悔。"

和家人沟通无果后，表妹黯然打消了创业的念头，被迫成为

打工一族。

有一次，她和我说："不用等将来，我现在就后悔了，后悔当时没坚持自己的理想。"

当你对环境妥协，但是收不到效果的时候，那种打击是双重的。

尼采曾说："我走在命运为我安排的道路上，我不想走下去，可是我又不得不满怀悲愤地走下去。"

很多人都和表妹一样，违心地走上了别人认为正确的路。花费大量时间努力成为一个看起来标准的人，以免显得自己像个精神病。就像那些听不见音乐的人，常常以为跳舞的人疯了。

别人的意见只是参考，你按照别人的想法走，最终失败了，这怪不得别人。只能说你没有把自己放在准确的坐标系里，任由自己的大脑成为别人思想的跑马场。

**什么叫把自己放在准确的坐标系里？就是你明白自己是谁，然后去做符合自己性情的事，并且获得强烈的自我认同感。**

若自己不把日程表排满，就会被迫参与别人的安排。如果内部不能产生压力，就会被外部压力挤扁。大风可以吹起一张白纸，却无法吹走一只蝴蝶，因为生命的力量在于不顺从。

《RWBY》里面有一句话：“刻薄的目光要求我们变得整齐划一且服从，但每片残缺的火花所隐藏的美，都更甚于它将受到的评价。”

什么是做自己？做自己就是承认自己有欲望、有野心，承认自己不甘平庸和失败，胸口永远提着一口气，不屈、不屑、不放弃。

就算孤身一人，也会努力走下去。看自己想看的风景，爱自己想爱的一切，接受自己的优点、缺点，坦然面对任何伤害与打击，永远孜孜不倦地学习、津津有味地生活、坦坦荡荡地做人。

**不要每一步都标榜“现世安稳”，都去安稳，安稳也拥挤；更不要每一秒都希求“岁月静好”，都来静好，静好也闹腾。**

这个世界五彩缤纷，值得我们与众不同。但凡能参考和借鉴的别人的路，几乎平庸到人人可走；真正别出机杼的风景，必须你亲自涉足。

如果你是一株还来不及开花的水仙，你一定不能放弃，不能因为被当作葱而郁郁寡欢。不是所有的生命，生来就有哪条路是自己的“非走不可”；也没有哪种生活方式，在选择的时候只剩下“一定要如此”和“必须这样”。

你所有的经历：读过的书，走对或是走错的弯路，路过或者留在你身边的人……都是为了帮助你认清自己的某种特质，并以这种特质去成就自己。

## 没有人应该为自己的个性道歉

Mini 刚毕业那年，事业、爱情双失意。回首大学四年，好像什么都没学到，什么都没留下。

自己成绩不是很出色，社团没参加过一个，实习经验根本没有，人脉资源也几乎为零，就在浑浑噩噩中把生命最宝贵的四年浪费了。

Mini 有点儿慌了：我这辈子是不是就这样了？好几个月，她每天下班回家，就闭门思过。

蹉跎了几个月，终于有一天，她下决心要重塑自己，不能任由自己堕落下去。

看着身边那些已经有所成就的朋友，Mini 发现自己最大的问题是太内向了：因为不喜欢社团的氛围而选择远离，因为太喜欢安静而被前男友说不热情，因为不喜欢跟人打交道而错过很多机会和资源。

  Mini 决定改变自己，她一头扎进各种小圈子，和谁都能插上几句话，附和别人的想法，努力给别人留下大家是同类人的印象。

  之后，Mini 误打误撞进了咨询公司，越发觉得自己这种伪装虽然有点儿累，但非常值得。

  一次出差，Mini 有幸在总部见到了大老板，而且运气好到居然有机会和老板共进晚餐。

  席间，聊到她对某个项目的想法时，老板很感兴趣，认真地和她讨论了这些建议。Mini 诚惶诚恐，把所有对项目甚至对团队的想法都告诉了她。她们还互加了微信，也聊过几次。

  后来，老板来到 Mini 所在的城市，主动约她吃饭。她问 Mini："Mini，我觉得你是个很有想法的年轻人，但为什么我听其他同事反馈，说你没主见，看人下菜碟，我看得出来，你不是这样的人。"

  Mini 尴尬极了，不能再撒谎了，只好告诉老板："我的个性并不是很受欢迎，怕大家不喜欢，所以想改变自己来迎合大家。"

  老板听完，放下筷子，严肃地说："Mini，个性是每个人独一无二的特点，不需要改变。事实上，我非常喜欢你真实的个性。"

  就在那一刻，Mini 感觉自己的内心一下释然了："我没有吃别人家的饭，为什么要把别人的话放在心上？评头论足只是无聊人的消遣，何必看得如临大敌！"

心结打开后，Mini 发现，之前的那些不顺，跟自己的个性根本没有关系。

"没有人需要为自己的个性而感到抱歉，每个人都应该做真实的自己。"此时的 Mini 早已数次升职，成了老板最信任的员工之一。

**如果你的耳朵里总是别人唱衰的声音，定力不够的人会怀疑自己，患得患失，很可能把现实活成了别人唱衰的那样。**

你常常觉得辛苦，总是否定自己，好像什么事都做不好。不是因为你本身不够优秀，而是因为你总想获得别人的认可。这个世界上最辛苦的事，就是活成别人的希望。

没必要为了迎合别人而改变自己，不管别人对你的评价是好的，还是不好的，那都是他们对你言行的表面理解。

比如你画了一幅画，有人说："哇，你画得好美！"你的画本身，并不因为他的评价而变得美了，而是你的画在他的心中引发了他对于美的认知。

而另一个人看了你的画，说："这幅画没有任何价值，糟糕透了！"同样，这个评价跟你的画在你心中的价值，甚至是它的实际价值都无关。这个评价仅仅说明，你的画没有触及这个人觉得有价值的东西。

这幅画到底美不美、有没有价值，都不重要，重要的是在绘画的过程中你是否开心，是否让自己内心想说地得到了表达。

别人对你的评价，或者说对你言行的解读，更多地反映出他们是谁，而非你是谁。你生命的流动性、复杂性和丰盛性，都应该由你自己来决定。

## 没有活成想要的样子，不丢脸

小凯毕业两年了，每天骑着自己的小电动车送快递，晒得面泛油光。很少有节假日的他，在送件取件的路上，每次累到虚脱的时候，总是劝自己：算了，再坚持一下吧。

他也曾设想，先入行，再扎根，读个在职研究生，可事与愿违，忙得连吃饭的时间都没有，哪儿有时间看书？

微薄的工资，高昂的房租，留不住的城市，没有诗，也不会有远方。

他单身很久了，因为觉得自己条件不好，面对爱情他退却了。

"谁会喜欢我这样身无长物的人。"在他眼里，一定的经济基础是爱情能否走到底的必要条件，变有钱，变优秀，变得更好……这类全能幻想，就像自带柔光的滤镜，晃得他睁不开眼。

"变得更好"的愿望是普遍的，每个人都会有变成"一个更好的自己"的愿望，但问题是，这些事情到底适不适合自己，不是先有自己才会有更好的自己吗？

**每当自己和"更好"相遇时，都促使我们去做一切看起来能让自己脱胎换骨的事情。然而，如果始终不了解自己，这些挣扎只是在回避真正的问题，仅仅制造了一种"我在变好"的假象。**

不是每个人都能活成自己想要的样子。

小时候，我们总以为长大后会变成超人，无所不能。可是随着时间推移，我们一天天长大，在遇见形形色色的人、经历迥然不同的事后，却发现即使再努力，依然有很多事情搞不定。

想起几年前，我特迷身边的一个大神。

当我熬通宵准备考研时，她已经获得了保研的资格；当我读了两年研究生时，她已经对所学的专业无感，而成功地跨到别的专业；当我在毕业论文与找工作之间抓狂时，她已经留学国外；当我好不容易毕业了，并找到一份还不错的工作时，她已经完成了几次旅行，并成功地当上了外交官……真的不能再对比了，她的传奇还在延续，而我也终于接受自己可能永远也追不上她这个事实了。

成长的魔力在于，我们有机会成为喜欢的自己，也有概率成为讨厌的自己。那些或必然或偶然的经历，让我们成了现在的自己。成熟，不是你可以改变世界，而是可以接纳自己的不完美。

世俗的选择永远都会给努力的人以入口，也永远都给想离开的人以出口，只是你要付出相应的代价。那么正确认识自己这件事，恐怕越早开始越好，因为越早，你就可以以越小的代价去选择你是应当改变自己，还是应当坚持自己。

很多人觉得自己太普通了，所以总想着要成为别的什么人，我想说，你真的觉得自己普通吗？

回想从小到大这些年，选择什么学校，是否出国留学，如何决定第一份职业，什么时候结婚，这些都是命运的巨变，只是当时站在十字路口的你，做出抉择的那一刻，还以为那是生命中最普通的一天。

《我的职业是小说家》里，村上春树描述自己下定决心写小说的时刻，那一天，他在公寓附近的球场一边喝着啤酒，一边观看棒球比赛。当球棒准确击中球的那一刻，他下决心道："对啦，写篇小说试试。"

那一天只是普通的一天，"天空中一丝云也无，风儿暖洋洋的"，但是多年后再想起，那一天成了他生命中很重要的一天。

没有微不足道的人生经历，所有发生过的事都会让你感觉人生真丰富、真精彩、真新鲜、真是闪闪发光。

生活不全是攀爬高山，也不全是深潜大海，它只是在一张标配的床上睡出你自己的身形。

**有人少年得志，有人大器晚成，验证方法没有一把通用的时间标尺。按自己的方式搭建未来，是一种能力；不被别人带乱节奏，也是一种能力。**

你要敢于和讨厌的东西说再见，不要被别人说的"这是很好的选择""这是你应该走的路""你不要错过"左右。你讨厌的东西对他们来说可能是体面、是正确、是看起来光亮的一面，但对你而言是压力、是不喜欢，如果不快乐就果断一点放弃。

自己选好的路，跪着也要走完。走过去之后，才有余力炫耀：这就是我，和只有我能做到的事。

> 为什么有些朋友会渐行
> 渐远？

## 不是越长大朋友越少，
## 而是越长大对朋友的理解越深

十四五岁时读过的书，十七八岁时爱过的人，二十几岁交过的朋友，大学刚毕业后栽过的跟头、受过的委屈，它们就像人生前半场的断舍离，让人吃尽了苦头，也让人尝尽了欢喜。

## 任何一种关系，前提都是相处不累

几年前，在一次公开招聘中，我认识了一些人。他们算是我人生里的第一群在工作上共进退的朋友。

我们一起通过层层选拔进入公司，一起面对工作上的各种困难，一起共享学习的秘诀，一起点灯熬夜攻克艰巨任务。很长一段时间里，我们是给彼此最多温暖和快乐的人。

遗憾的是，这个紧密的圈子日渐变得松动。

以前我们中间只要有人过生日，其他人就会提前半个月准备惊喜，但自从共同处理的项目结束，这个圈子已名存实亡了。

大家慢慢有了新的寄托，兼职、考研考公，甚至是新的男女朋友。慢慢将时间和精力，更多地分配给了这些新事情和新圈子。

每逢旧圈子的朋友过生日，大家都匆匆随便准备一下就搞定了。从前无比快乐的事情，显然已经成了负担。

有一次，我生日前一天，小艺提议一起去唱歌为我庆祝，我可高兴了。

生日那天，我是第二个到的，事先并不确定谁会有空过来，后来又陆续来了三个人。小艺和他们坐在沙发上聊起了工作的事情，吐槽职场趣事，也分享工作经验，中途碎碎念了一句："他们说正在来了，怎么还没到？"

一个小时后，带的水都已经喝得一滴不剩了，其他人还在沙发上闲聊，好像只有我是真的来唱歌的。

我突然感到很沮丧，甚至后悔了。一群感情已经变淡的朋友，为了保留一些象征友好的活动形式而勉强聚在一起，真的毫无意义。实际上每个人都貌合神离、心不在焉。

也许只有名义上的朋友才更在意仪式吧，因为已经失去了聚在一起的理由，所以要在节日、生日上面刻意寻找证据，证明彼此还是和以前一样，但真正的朋友是不需要证明的。

人生中很多朋友，都是有交往期限的。能成为朋友，大概有两种原因。一种是客观需要，比如在同一个部门、团队，某个阶段一起做一件事；另一种是主观需要，我喜欢这个人，比如价值观的认同，喜欢对方的性格、品行。

基于第一种原因成为朋友的，大概都有一个交往期限，直到你们不再需要因为同一件事情被捆绑在一起。有的人会从第一种情况慢慢过渡到第二种，而有些人不会。

假如这种短暂的友好关系慢慢变成一种负担，就没有必要再勉强维持了。

我一点儿也不怪生日那天迟到的人，他们一来就和我说："不好意思，有事耽搁了。"

我说："没关系，吃蛋糕吧。"

**成年人做不出那种抱着对方大腿不让对方走的事，而且也没有必要。很多人见一面少一面，很多联系只是给彼此平添麻烦。**

一辈子的朋友极少见，有些感情注定是阶段性的。那些工作、生活没有交集的朋友，无论你如何珍惜，终究会渐行渐远。

它偶尔交叉重逢，但绝不平行，有些友情的黯然离场，不是命运的捉弄，而是宿命的安排。不是因为没有感情，而是因为缺少缘分。

蔡康永在《奇葩说》里说过一句话："永远不要把友情放在一个不可思议的高度上，有些朋友就是一个阶段带给自己美好东西的人，互相享受而不要互相捆绑。"

一个阶段的美好，也只有一个阶段的友谊，我们更应该把时间留给重要的人和事，毕竟，"勉为其难"这四个字，在所有关系里都是最伤人的。

## 曾经以为友情会天长地久，想不到最后会无疾而终

前几天，丫丫发了一条朋友圈，大意是：清理好友才发现，有的人加完了根本没聊过天，有的人寥寥数语之后也从此成为陌路，长大后，越来越能接受莫名其妙从朋友圈消失的人。

我默默地点了赞，丫丫问我：你怎么看那些从你朋友圈消失的人？

恰好，我之前也清理过微信好友，深有同感。

很多人就是不争也不吵，若干时日后，再去看他的朋友圈，已经成了一条横线。甚至试探性发一个"hello"，只会收到一个"开启好友验证"的信息。

丫丫显得很沮丧：当你想删别人的时候，才发现人家一早就把你删了。

我回了她一个"哈哈"的表情，身边这样"一面之缘"的朋友太多了。

二十几岁，上帝开始为你做减法。拿掉你的一些朋友，拿掉你的一些梦想。有些人跟你分道扬镳，你们或许都不见得会吵架，可能也会保留彼此的联系方式，却很少会联系。有些人或许已经跟你见过最后一面了，只是你还没发觉。不会刻意地断绝联系，

只是自然而然地失去联系。

总有人正在退出你的朋友圈，那些曾经亲密后来疏远，甚至消失的朋友，不必相互责怪对方有了新伙伴，也不必惋惜友情转瞬即逝。

有些事情看似偶然，实则必然，人生的路很长，能够在适合的时候相聚在一起，开心过痛快过，已经很好了。

关系变淡这种事，都是后知后觉的，只有时过境迁再回首时才发现早已没了联系。那些年少时踢足球的兄弟，课间携手去洗手间的姐妹，不过才数年时间，大部分都被遗忘在时光的角落。

很多时候，友谊只可共青春，而不足以共沧桑。这种现象最突出的是大学同学，四年的朝夕相处，分离的时候互相承诺常联系。最初还是联系的，可惜随着时间的流逝逐渐成了躺在通讯录里的名字，即便偶尔翻到，也不会主动联系，怕长久的尴聊，破坏了回忆中的美好。

曾经以为友情会天长地久，想不到最后都会无疾而终。

我上小学的时候有一个很好的朋友，每天不是她喊我，就是我喊她去上学。那来自纯童声的呐喊，曾让左邻右舍苦不堪言。

我们在同一个班，课间一起玩，放学也一起回家，一起写作

业，总之就是形影不离。时刻分享着彼此的开心与悲伤，我一直
以为我们会做一辈子好朋友。

可惜，四年级的时候，我家搬到外地了。当时真的很难过，
为了不忘记彼此，我们还非常郑重地去照相馆合影留念。

最初的几年，每年寒暑假我都回去，我们还像以前一样，玩
闹嬉戏。后来，回去的次数少了，每次也只是匆匆见上一面，不
知从什么时候开始，再也没见过。

上了大学之后，我妈妈回去偶然遇见她了，要了她的联系方
式。那时还没有微信，我们用短信联系过一次，问候一下这些年
的近况，再无他话，有的只是拿捏不好分寸的疏离。生活轨迹大
片大片的不重合，我们也不是彼此的唯一了。

**长大真是一件很无情的事，小时候打完架鼻青脸肿地说要绝交，
第二天见面的时候分同一包辣条就能和好如初嘻嘻哈哈。长大后，
明明没有说再见，就心照不宣地再也没有见过面。**

十几岁时我定义友情，有刻骨铭心的事，有亲密无间的人，
有短暂的疯狂，长久的陪伴，有怨念，有是非，有感动，有浪漫。
可回忆里永远形影不离的女孩儿，和那些年无所事事的美好，好
像已经是很久以前的事了。原来来年陌生的，是昨日最亲的她。

我在友情的渐行渐远里找原因，最后无疾而终。只能一边缅怀一边前行，懂得了成长必然带来的距离。可我不会忘记，她曾经给过我那么好的，谁也代替不了的陪伴。

## 岁月在变迁，彼此在成长

在人和人走散的原因里，这种最无力，也最让人感伤吧，分离没有理由，不过是岁月在变迁，彼此在成长。

谁都没有错，只是在人生的无数个岔路口，不同的选择让彼此越来越远。奔赴的前程，有着不同的方向，成长的步调也越来越不一样。你忘记等我，我也不愿追你。两个人距离越来越大，再也无法互相慰藉。

人与人会因为很多事情走在一起，也会因为很多事情走散。除了金钱和利益之外，两个人某时某刻的性格、视野、学识，甚至身边的交际圈，都可以影响到某一段关系的进程。

你可能按下了快进，可能按下了倒退，可能按下了delete，也可能关了机，不再重启。而你们是不是能在一起，看的不仅仅是缘分。缘分只是让你们相识，能不能走下去，并不是缘分能决定的。

曾经的好兄弟，长大后一个成了 CEO，一个成了水电工人，自然难以称兄道弟；曾经的闺密，长大后一个成了销售总监，一个成了收银员，自然难以结伴同行。

你的每一次升级都将失去一部分老朋友，因为如果那些朋友的认知模式已经无法跟得上你，那么他们就无法看到你这个维度的世界。

不是我们变得势利了，而是社会资源、地位、见识差距变大了，你的苦闷他无法理解，他的彷徨在你而言，是变相炫耀。两个人无话可说，只能叙旧，直到过去被反复咀嚼，淡而无味，又碍于情面，怕被指责势利，还要勉强维持点赞的情分。

**为什么我们不敢承认，大多数友情的维系，都是考量过维护成本和情感收益后的决定。**

当然，有很多超越阶级的友谊，但两者的见识和思辨力，一定是对等的。许多年少时闯祸的朋友，只能拿来怀念，许多因为恩情而结缘的人，也只适合报恩。朋友不光需要交换感情，还需要交换观点。

要从同路者中寻找朋友，而不是硬拽着朋友一起上路。相隔的不仅是岁月，还有渐行渐远的价值观。从年少到现在还能保持三观一致太难了，也许相忘于江湖，才是最好的结局。

没有什么难过的，如果你看一档综艺节目厌倦了，你会怎么办？是不是不会再看了？

如果你不再喜欢一个作家，你会怎么办？是不是不会再买他的作品？

在你经历过的人生里，其实你喜欢的人、你爱的一切，包括你的朋友早就换了一拨儿又一拨儿，很多曾经走得很近的，走远了，很多远的，早就不见了，而在这新旧交替中，才有了今天的你。

很多关系最终都要面临渐行渐远，父母和子女、朋友之间、恋人之间都是如此。渐行渐远不是坏事，它和疏离不一样，它不是冷漠和毫无感情，只是换了一种方式去相处。

不是以一种老死不相往来的姿态去诀别，而是守护彼此的界限，疏而不离才是正确的相处方式。

生活中最强烈的告别，不是针对哪一个人，而是告别一个时代，你深深地体会到自己的成长，你已经不再是那个年纪的你，需要开始面对新的生活了。

以前，总会暗自祈祷千万不要和要好的朋友分开，最好一辈子都在一起。可是现在，当关系一段一段结束，当感情一点一点地消融，自然再也不敢奢望什么永远和一生，也不再有什么怨言。只想说我们都走吧，就这样告别吧，希望你以后都好，我也好。

永不永远有什么重要，共有过青春就已足够。

所有不再钟情的爱人，渐行渐远的朋友，不相为谋的知己，都是当年我自芸芸人海中独独看到了你，如今我再将你好好地还回人海中。

生活归根结底就是五个字：珍惜眼前人。对于那些已经错过的人，愿他安好；对于那些生命中不想错过的人，趁现在还有机会，无论是用什么样的方式，有事没事常联系。

如果离别是我们最终的归宿，那么现在，我只想打电话给好朋友……约个饭。

> 面对不可逆的人生，我们
> 为什么害怕做选择？

## 哪有什么两难抉择，
## 还不是不敢为自己负责

选择不是蝴蝶效应，二十岁时你扇动了一下翅膀，三十岁时你的人生就分崩离析了。最重要的未必是某一次选择，而是选择之后的路要怎么走。

## 谁都只能在人生的考卷上，慌张地写下当时唯一的答案

在连续一周破了这台篮球机的纪录后，李曼青碰到了吴鸿义。

李曼青以为只是巧遇了同是爱好篮球机的吴鸿义，其实，这个巧遇桥段是吴鸿义在一周的时间里设计好的，他每天默默看着她刷新纪录，然后在她走之后，又打破她的纪录，这样李曼青每天都得来玩，原来是个不服输的女孩子，吴鸿义越来越喜欢她了。

在之后的日子里，李曼青的投篮生活多了很多乐趣，她常常和吴鸿义联机和别人对抗，他们总是赢。

李曼青的心也在周围人的欢呼声中慢慢打开。

吴鸿义把未来的生活设计得让人神往，他们结婚，生小孩儿，有一个幸福的家庭，然后带着孩子一起玩篮球机。

幸福要是能一直延续下去该多好，可惜李曼青却走到了抉择的十字路口，她获得了升职的机会，但是要去外地。

她挣扎在"成功要趁早"和"每天和爱人一起吃晚餐"的选择里。摆在她面前的两个选项，她选择了外地的工作。

从不认识一个人开始打拼。加班、做计划、实施方案，忙到没有一丝喘息的空隙。晚上和吴鸿义视频没说几句，对方因为工

作一整天，已经睡着了。

李曼青经常赶在游戏中心下班之前去玩一会儿投篮机，可惜再也没有遇到能破她纪录的人。

她好像离自己理想中的生活更近了：有了一定的经济能力，优质的生活品位，穿职业装，踩着高跟鞋，工作忙得四脚朝天也能妆容精致独当一面。

一个周末，吴鸿义飞来上海。面对眼前这个熟练使用刀叉，请他吃昂贵西餐的李曼青，平静地提出了分手。他曾经爱她的不服输，现在也败给了她的不服输。

李曼青后来又遇到了几个人。第一个阅历、能力都高于她，用很短的时间就让她在工作中迅速成长；另一个是年纪比她小的男孩子，乐观、爱笑，眉宇间有吴鸿义的影子。

后来人走茶凉，她还是一个人吃晚餐，望着繁华绚烂却没有温度的城市夜景，犹豫着要不要弃城投降。

夜深人静的时候，她也幻想着如果当初留在吴鸿义身边会怎么样。

也许早已结婚生子，每天忙于一家人的一日三餐和琐碎的日常中，惦记着菜市场哪家的菜最新鲜，帮孩子温书；也许公公婆婆偶尔来访，会嫌弃她动作慢，李曼青平时就是慢吞吞的。

也许时间长了，感情也会变得食之无味，弃之可惜；也许她早已习惯了这样的日常，还享受其中……

**我们总是过着一种生活，幻想着另一种生活；总是不满足于当下，非得认为自己没选择的才是最好的。我们总是幻想着生活变得简单而容易，自己能够活得丰盛，一步一步走向目的地。然而生活的真相永远是一地鸡毛，没有哪一条路是好走的。**

生活只有路口，没有尽头，站在每一个路口，你只能用一身勇气去选择向左还是向右。

高考完去念哪一所大学，要不要读研，什么时候工作，什么时候出国留学，是否牵起那一个人的手……这些时刻你的世界风起云涌，而在他人眼里，没有一丝波澜。

当初的一腔热血和单薄决心仅仅够支撑你走一小段路，得到过，也失去过之后也会困惑：如果当时选了另一条路，现在会不会好过一点儿？可是人生永远不会预先给你答案，然后再做选择的机会。谁都只能在人生的考卷上，慌张地写下当时唯一的答案。

所谓长大，不过就是一点一点拉高失望忍耐度的过程。现在想一下，高中那年数学不及格算什么，爱却不得又算什么，后来能一个人吞咽比这大得多的失望。

## 再精细的未来规划，都抵不过命运不怀好意的修改

每一个人都有自己的困局，有一种特别普遍，就是关于选择：该和谁结婚，选事业还是家庭，要扎根北上广还是回家……通常是在"命运交错的路口"面对重大选择时，人特别容易犯难。

世间从来没有双全法，鱼与熊掌也不可兼得。你选择了一个，注定要失去另一个，如果你不断比较两种选择到底哪个更好，只会在绝望和希望中摇摆不定。这是大多数人的生活状态，一边咬牙撑着，一边心里虚着。

朋友的弟弟，他的纠结和痛苦特别典型。

他现在是大三的学生，对未来很迷茫。考研，家里希望他跨专业考研，但难度很大，没有信心；工作，从他的专业来看，找不到理想的工作；兴趣，他对插花感兴趣，但国内这个市场基本饱和了；出国，想去国外学园艺，可家人觉得不光彩，一个男人难道一辈子就伺候花花草草吗？不同意。

每天一睁眼，各种选择扑面而来，时刻活在纠结中，睁开眼

睛就焦虑以后做什么。翻阅了太多资料，任何选择都有好有坏，看得越多越迷茫。

每个人都害怕选择：既害怕选错了，又害怕承担结果。

这不是他第一次纠结，有一次她姐姐带他出来吃饭，那时他刚上大学，喜欢同年级一个女生，一直犹豫要不要追求。他们是在社团活动上认识的。女生文文静静，彼此也聊得来。问题是女生比他高五厘米，他有点儿接受不了。

还没等他说完，一个朋友就打断他："别说这些有的没的，就问你一句话，你喜不喜欢她？"

他一下子急了："我当然喜欢她，就是怕她嫌我矮。"

朋友翻了一万个白眼，一句话砸过去："喜欢就去追啊！哪有那么多利害关系！"结果，他还在犹豫是否表白的时候，对方已有了男朋友。

有时候人都是很不知足的，有得选时总是纠结于不知道选哪一个好，只有当没得选时才后悔莫及为什么自己当初不选择。

**但凡在人生的重大选择时妥协的人，大多都妥协了一辈子，只是很多人一开始选择妥协时，没有意识到这一点而已。**

有太多的人，在命运的十字路口等待被眷顾、被指点、被给予答案，终其一生追逐的都是别人的终点，却不曾展开自己的地图。他们听信别人口中的"最好"，却不曾静下心，听听自己内心的声音。

人之所以无法自我决定，不是听不见内心渴望的声音，而是对于选择之后的自由状态感到害怕。因为一旦选择了，并获得自由之后，就必须对自己的选择有所交代。

可是，这个世界上本没有一定正确的选择，无论哪一个选择，总是有得有失。既然这样，还不如追随本心，选择自己想要的，毕竟人生最基本的喜好，难道不应该置于功利的计算之上吗？

即便是令人后悔的冲动之举，也要比心心念念却失之交臂的遗憾要好一万倍。

## 每一个岔口，怎么选都能遇到对的人生

记得研究生刚开学的时候，当时寝室四个人。

S同学突然宣布要退学，要知道，当时开学都还没到一个星期。我们都很惊讶，问她原因。她说要回家乡创业，S是一个很有主意的人。

我问她："回去之后做什么呢？后悔了怎么办？学费呢？"

她深深地看了我一眼，说："放心吧，我是经过深思熟虑之后决定的，决不会后悔。"

C同学是个风风火火的姑娘，严谨认真，得知此事的她劝S想清楚。但半个小时后，她就被S条理清晰的解释说服了。

我观察着C的反应，猜测她会不会被S的话语打动，也对读研产生了怀疑。

但C只是笑着对S说："你要加油啊，早日当上老板，我就老老实实地读研读博，回去当老师。"

那一刻我真羡慕这种"我的选择，我负责"的态度，毕竟我当初选择读研也是挣扎了很久，迫于就业的压力才考的。

这些年面对各种选择，我时常迷茫："既然存在一个更好的选择，那就多观望一下吧。"可是生活并不会因你不选择而停止，四处张望别人的生活所消耗的精力和随之起伏的情绪会让人迷失方向。

曾经在网上看到一个关于"我们是怎样丢掉自己"的回答。有一个网友说："从一点一滴的失望中开始的，渐渐发现生活不是自己期待憧憬的样子，自己过得并不开心。人生中很多岔路都不敢选择，包括工作和感情，很讨厌如此犹豫不决、拖拖拉拉的自己，感觉自己一点点被丢掉了。"

**普通人之间智商、情商真的没什么差别，仅有的差别在于，别人落棋不悔，心中早已有未来一万步的广阔天地，而你也是下了一步棋，却天天想着，要不要悔棋。**

生活不像数学题，答案只有对和错；生活的复杂在于，我们通常要在好和更好中选择更好的，坏和不太坏中选择不太坏的。

谁也没有办法去验证一个选择是不是最好的，唯一可以确认的是，你是否真的想好了，并能够平静接受随之而来的后果。

时间走得太快了，心智、勇气、能力都要用力追赶才不会被远远甩下，所以那些已经做出的选择，就是唯一的选择，而那些已经发生的事情，就是唯一应该发生的事情。

如果你太执着单一的选择带来的结果，只会为自己的人生提前设置重重障碍。

人生不是由一个选择决定的，它是多个选择的叠加效果，每一个选择都是当时的见识、格局、智慧的综合打分体现。

当遇到怀疑自己是否选错的时候，最重要的是要替自己找到定位。

就像微信"跳一跳"小游戏一样总是越玩越紧张，因为它深刻地模拟了现代都市人的生活困境：如何做选择？

每一步你都如履薄冰，每一步都可能掉下深渊。表面上看似很有秩序，但任何一秒，心里都可能是崩溃的。读书、恋爱、工作、分手、跳槽、再恋爱、相亲、结婚、搬家、离婚……每一步看似平缓，其实内心充满骚动和不安。一不小心就会掉下深渊，那就是你人生崩溃的时刻。

但崩溃了又能怎样呢？人生还是要继续，所以你又从头开始跳，下一次你的技术会更好，分数会更高。不要怀疑是否来得及，是不是错过了，还有没有出口。拥有选择权，本身就是一件值得庆幸的事情。

被时间锤打之后，纵使嘴巴上再喊着苦不堪言，到底也是一步一步走过来了。

可能人活一辈子，会有很多后悔的事，但这种后悔都是不考虑选择时内心感受的，所有的后悔都是结果导向，而忘记在选择那一刻自己真正的心意。

后悔不是错过了"最好"的，而是放弃了内心所向。比看似拥有无尽的前途更重要的，比被所有人艳羡夸耀更重要的，是选择自由，选择快乐，选择真实。

　　每一个岔口，怎么选都能遇到对的人生。对与不对，有时只是在于选择之后，你的努力到底是不是真的够。

　　应该往哪个方向走，答案不在风中，不在路牌上，而在你自己的心中。

人为什么会有难以摆脱的孤独感？

## 如果你能扛住孤独，
## 你就能扛住整个世界

孤独是一种修行，与外人交往，是看清世界；与自己交往，是看清自己。

## 如果有一天我死在出租屋里，可能没有人会知道

"我走了，再也不回来了。"欣欣打包行李的速度，和当初来这里一样迅速。

两年前，欣欣大学毕业，只身来到这个陌生的城市。安顿好住房和工作后，我们约在一家小餐厅里，欣欣满脸都透露着兴奋。

那时的欣欣无比坚信，自己的梦想终有实现的一天。

收到她要离开的微信，我坚持要送她去车站。一路上，我想着该怎么安慰她，却始终找不到开场白。

是欣欣先打破了沉默，她说，压垮她的不是梦想没有实现，而是太孤独了。

欣欣所在的新媒体公司，九点准时打卡，到六点下班，忙得一刻都不得闲。同事间偶尔插科打诨，她刚想要张口说些什么，就已经结束了。

"要一起点外卖吗？凑个单？"

"我已经点过了。"

鼓足勇气，想要主动和别人建立联系，却被拒绝了。除了日常的工作交接，都是只知道姓名的点头之交，熟悉却陌生。

忙碌了一天，回到出租房，室友躲在自己的房间里，综艺节目的嬉笑声从门内传来。门一关，就是两个世界。

有一次，她写完稿子，发现手机充不上电了。一检查，是充电器坏了。室友正好上夜班，晚上回不来。当时手机的剩余电量是10%，开机状态肯定是挺不到第二天了，关机的话，闹钟就不会响了。

她决定把手机关机，等到第二天早上可以看下时间。她自己想了一个主意，就是大量喝水，第二天肯定会被憋醒。

果然，第二天早上醒来开机，手机还有电。瞬间觉得自己很机智，上班不会迟到了。可是，突然又一阵心酸，怎么感觉日子惨兮兮的，要是在家里，肯定有妈妈叫自己起床。

孤独是一种状态，在独自面对新环境、新对象的时候，孤独都是避无可避的过程。

一个人挤地铁，一个人吃饭，一个人默默刷着手机掩饰尴尬，这些并不难忍受。难以忍受的是长时间在陌生的环境里找不到属于自己的位置，是看到什么，发生了什么，想要说什么，却发现周围没有一个人可以分享的寂寞。

**别人凌晨四点醒来，发现海棠花未眠，轮到自己，凌晨四点醒来，静得老鼠都懒得来。**

人在脆弱的时候，总愿意瞎想。欣欣想起前不久在微博上看到的一篇文章，一位博主说自己前一天晚上和朋友聚餐回家，玩手机到凌晨一点半才睡觉。第二天中午，她被楼上的噪声吵醒，心烦意乱猛地起床，脖子突然剧痛，紧接着就感觉后脑勺像针扎一样阵痛。后来她趁着意识还清醒，拨打120把自己送到了医院。结果是脑出血，如果再晚一步，后果不堪设想。

欣欣关注的重点不在熬夜的话题，她看到了另外一面。

博主感觉剧痛时，先联系了附近的同事，当时已经话不成章。同事说她在外面，赶不过来，于是她打电话给最好的朋友，因为她说不清楚，朋友以为她只是肠胃炎犯了，让她先打120，自己稍后赶过来。

120把她送到医院，在急救室，护士过来问她："一个人吗？你的家人呢？"

她说她的家人和朋友正在赶来的路上，目前一个人。

护士说："那谁帮你挂号买病历啊？你先拿个呕吐袋在这里

休息一下吧。"

于是，她就拿着呕吐袋在旁边默默等着，断断续续吐了几次，两个好心的实习生看不下去，就问她医保卡密码，帮她排队挂号。

那个时候的她已经完全说不出话了，只能用纸和笔写下来给他们，写完后，她早已没了力气，彻底放空了自己……整个人意识清醒过来是第二天，这时，父母和朋友都来了。

医生说她是脑内多处毛细血管出血导致的，幸亏抢救及时。可以说是死里逃生了，她打了几个电话，朋友都无法立刻赶过来，如果再来不及打通120，瘀血就阻挡住了她的视觉神经，或者没有那两个好心实习生帮她去挂号交费，那么她极有可能没有机会写这篇文章了。

这件事情最触动欣欣的是，发生意外后，她一个人面对突发情况的那种无助感。一个人住的时候，发生意外，你不一定有能力掌控自己的生命。

欣欣苦笑着说："我时常会想，如果有一天我死在了出租屋里，可能没有人会知道。除了来催房租的房东。"

我让她不要瞎想，一切都过去了。然后，我们就此作别。欣欣在家乡找了一份文职工作，回到熟悉的圈子后整个人也开朗了很多。

## 把毛肚放进汤里涮的那十秒钟，是一种修行

　　每个人都有最孤独的时候，一千个哈姆莱特就有一千种孤独。

　　许多人，在二三十岁的年纪，远离家乡在外打拼，住着租来的房子，唯一熟悉的室友是自己养的猫狗；厨房有全套餐具，但饮食主要靠便利店和外卖；长时间在手机和电脑之间无缝切换，每天晚上熬夜刷朋友圈刷到头昏眼花，叫醒他们的往往不是闹钟，而是快递员；作息时间失调，不出门不洗头……

　　这是一种深入骨髓的孤独感，《岛上书店》里说："独自生活的难处，在于不管弄出什么样的烂摊子，都不得不自己清理。不，独自生活的真正难处在于没人在乎你是否心烦意乱。"

　　几年前，我也曾一个人生活，晚上坐公交或者地铁，看着外面灯火通明就觉得非常难受，很想家。

　　尤其在外面吃饭的时候，看到餐馆老板一家人围着饭桌，热闹地吃着香喷喷的饭菜，想家的感觉就会特别强烈。孤独就像是一张巨大的网，让人无法逃脱。

　　为了躲避孤独，我们用过各种消遣方式：刷微博、追剧、看综艺、玩抖音……然而，孤独是一群人的狂欢，狂欢之后，更是无尽的空虚和寂寞。

服务员好意提醒：第二杯半价。每次都说：一杯就好，谢谢；

微信通讯录好友三千，却找不到一个人说晚安；

总是被同事吐槽工作狂，没办法，回家又没人等你；

外卖红包只能发给微信文件传输助手，然后一个人领；

一个人去医院打吊针，憋着尿不敢上厕所，因为没人帮忙拿着吊瓶；

一个人吃火锅，取麻酱的工夫，鸳鸯锅被服务员拿走了……

最后一个真是太惨了，像我这么爱吃火锅的人，遇到这样的情况肯定是要抓狂的。但是朋友安安，偏偏喜欢吃独食——一个人吃火锅。

我问她："你不怕别人说你是孤独精吗？"

安安说："人多了吃火锅，真不畅快，明明每个人都点了自己喜欢的食材，丢进锅里，夹起来的却常常是别人的执念，多没意思。我觉得最享受的时光，就是把毛肚放进汤里涮的那十秒钟，那十秒钟对我而言，就是一种修行。"

此回答真是让人拍案叫绝，这是一个吃货吃出来的境界。

火锅这种东西，一群人吃有一群人吃的乐趣，一个人吃有一个人吃的浪漫。如果说吃火锅是一种修行，不如说孤独才是修行。

就像以前看过一个帖子：为什么有的人开车到家后喜欢在车里坐一会儿？这个帖子引起了很多人的共鸣。原因很简单，这是当代人难得的独处时间和留白时间。

那是一个分界点，推开车门就是柴米油盐，你是父母，是儿女，是配偶，唯独不是你自己。

在生活节奏越来越快，个人空间不断被压缩，手机让工作无处不在的当下，独处越来越成为一种奢侈品，如果你刻意在生活和工作之间留出一段恰当的距离，用这个距离去创造一段独属于自己的时间，去放空自己，去学习，去感受，去发呆，都是很好的缓冲与休整。

以前有个同事，常年是公司最后一个离开的，那时的她还是个单身姑娘。最后一个走的理由并不是加班，她说，她特别喜欢所有人都走后空无一人的办公室，安安静静的，只有她自己。

孤独真没那么可怕。你看"孤独"这两个字拆开来看，有孩童，有瓜果，有小犬，有蝴蝶，足以撑起一个盛夏傍晚间的巷子口，人情味十足。

## 有人视孤独为洪水猛兽，有人却享受其中

吃货安安的经验不光来源于吃，还有实实在在的生活经历。

几年前，安安家里出了变故，欠了很多债。那时候在深圳的安安，帮家里还债后，手里只有八百元，那是留给自己近一个月的生活费。那段日子，每天睁开眼就怕什么地方要用钱。

后来，她在一家西餐厅找了一份兼职，虽然赚得不多，但兼职的钱却可以一个星期结一次。

每天从公司下班，安安一路飞奔到餐厅。差不多十点，要关门的时候才开始收拾东西吃晚餐。吃完洗漱完基本上就十二点了。每天晚上躺在床上，累得只想长眠不起。

安安说，不知道怎么熬过了那段时间，找不到人诉说，也不知道如何诉说。每当看到川流不息的人群和车辆，孤独感便油然而生。感觉自己掉进了黑暗的深渊，无论怎样都望不到头。

一个人受困于眼前的磨难就会感到孤独，因为缺乏让自己的生活变得丰富的能力。

大多数人不是害怕孤独，而是害怕没有质量的孤独。就像村上春树说的，哪有人喜欢孤独，不过是害怕失望罢了。

孤独并不可怕，可怕的是你在这段孤独的日子里颓废、自暴

自弃、一事无成，不接受现实，却又不改变现状。

孤独对安安意味着什么？安安说，孤独是一个人包完饺子后把它们冷冻在冰箱里，每次吃的时候拿出来一小格。无论世界变得多么陌生，自己都有能力喂饱自己。习惯了一个人吃饭以后，仿佛再没有什么事情变得不能习惯了。

总要经历一段孤独的岁月，从那个难过了就哭的孩子，变为把哭声调成静音的成年人，这中间增长的不只是年龄，还有心智。

没有人可以对你的生活感同身受，朋友，甚至爱人亲人都不能。别动不动就对朋友失望，再也不相信谁或者又看透了谁。你的伤心、难过、绝望，都必须由自己独自消受。没有人能够一直陪着你，也不要去依赖任何人。成熟的一个标志就是在独行中自我强大，然后争取成为别人的依靠。

这种成熟，不是大家口中的那种脆硬的成熟，而是越来越懂自己，明白人生这条路若要走下去，应该是向内寻而不是从外找。

硬币有两面，你孤独，同时也是自由、无拘无束的，这正是提升自己的最好时机。独处的时候，并不只是丢下一切躲起来，而是要回到最纯粹的自己。

孤独的这几年，或许是你这一辈子里最重要的几年，它将决定你剩下的人生会如何度过：是一直在浑浑噩噩中度过，还是在充实和满足中度过。

越长大，越要习惯孤独，学会把所有的情绪自我消化。不管是忙碌过后四顾无人的孤独，还是人群鼎沸中无话可说的孤独；不管是失败时的孤独，还是成功后的孤独……你都不要失去生活的勇气。

我们始终要怀有希望，一个人同样可以活得精彩。孤独是一种状态，它终究是暂时的。迟早你会明白，没有人能永远站在热闹的核心位置，也没有人能永远保持长久不衰的孤独。

不要害怕孤独，要勇敢地成长为一个独立的人。

有很多时候，独自上路的我总会想起作家张小砚的一句话："后来许多人问我一个人夜晚踽踽上路的心情，我想起的却不是孤单和路长，而是波澜壮阔的海洋和天空中闪耀的星光。"

> 为什么人们喜欢在失恋或
>
> 失意时外出旅行？

## 有大心脏的人，走得更远

　　一个人的眼界和思维不应该局限在眼前，应该有意识地去接触更深刻的东西，不是为了拿出来吹嘘，而是为了丰富自己。

## 你过得不好，是因为太追求有用了

昨天，Mia 打电话给我，多么熟悉的开场白："我要死了。"

要是换一个人和我这么说，我肯定很紧张，但是 Mia 是隔三岔五想死的"专业户"，一年总有几百次想死的时候，我要是还能相信，恐怕一早被吓死了。

我保持和蔼的语气，冷静而平和地问她发生了什么事。尽管我一早就猜到不会有什么大事，但是没想到事情这么小。

Mia 和老板一起去客户公司开会，结果她拿错了文件，到了客户公司才发现。老板大怒，劈头盖脸骂了她一顿。

Mia 表面上诚恳道歉，并以九十度鞠躬结束，但心里相当气愤，埋怨老板当着那么多人的面骂她。

丢三落四对 Mia 来说真不算什么大事，毕竟她是朋友中一年丢六部手机的纪录创造者和保持者。她就这么一点儿缺点，其他方面还是很优秀的，不然，她老板不能被坑了这么多次之后，还留她在身边。

还没等我想到安慰她的方案，她自己先提出来了："算了，不干了。"

我好说歹说终于打消了她辞职的念头，并劝她请个假出去散散心。

"啊，散心？有什么用？散完心还是要回来的。生活不只眼前的苟且，还有远方的苟且。"Mia 对我的提议很是不屑。

我没觉得自己能说服 Mia，因为生活中，她算是一个很偏执的人，凡事就是非此即彼，甚至有点儿极端。她衡量事物的标准，就是有用和没用，没有缓冲的余地。

看一本书期待它让自己变得深刻，跑步健身期待自己能一斤一斤瘦下来，发一条微信期待马上被回复……这些预期如果能实现，就会长舒一口气；如果没实现，就马上变身易燃易爆体质。总想做生活中的十项全能选手，结果却往往适得其反。

成年人的思维方式永远趋向功利，只考虑利弊，却放弃了生活的趣味。是枝裕和曾经说："世间也需要没用的东西，如果一切事物都必须有其意义，会让人喘不过气来。"

当你总是以功利心面对这个世界时，生活只会忙乱无序，在追求十项全能的过程中，做不到万事皆懂，那只好每一样都装半桶水，把每个当下都过得苟且粗糙。

这样也许能收获到功利，但失去的却是生活本来的乐趣。

**你只选择喜欢的东西，其实是拒绝了人生的无数可能性，不喜**

欢的东西也可以尝试。成长就是你不再仅仅把喜欢和讨厌当作自己
判断和选择的唯一标准。

越用心生活，越会明白，人生很多重要的东西，都没有什么
用。那些海边的漫步，那些登山的漫游，那些一杯茶、一本书消
磨一下午的闲散时光，带不来钱，换不来名和利，真的都没有什
么用。但正是这些没用的片段，这些无意义的时刻，构成了美好
的回忆以及丰富充实的人生乐趣。

梁文道说："读一些无用的书，做一些无用的事，花一些无
用的时间，都是为了在一切已知之外，保留一个超越自己的机会，
人生中一些很了不起的变化，就是来自这种时刻。"

很多人在失恋或者失意之后想要出去旅行，像是来自体内躁
动不安的基因的本能指引，仿佛旅行可以解决人生中大部分的不
如意。

因为每天都在处理生活中的各种琐碎，大多数人还没能达到
财务自由的阶段，就率先成功达到了焦虑自由。好比拉紧的弓弦，
把自己绷紧到连喘息的空间都没有，松开那一刻自然是奔着远方
去的。

日常生活里，我们过着过着就把自己放大了，一切总在围绕

着"我"的感受无限放大，我快乐吗？我富有吗？我爱了吗？我做得好不好？我该怎么办？

但旅行时，我们必须把自己缩回去，去见天地，见众生，见历史。等到旅行结束，回归日常，行李中什么也没有增加，唯独增加了一份轻松。

出去走走就像夹在有用和没用之间的一个缓冲，它可以让你积蓄力量，重新调整生活节奏和看事物的角度。你会发现，很多曾经模糊不清的东西，逐渐变得明晰。

## 只有见过一切，才有能力选择

小南又发现自己的男友出轨了，没错，是"又"。

出轨这种事，真的只有零次和无数次。起初还有那么一点儿羞耻心，被发现后，主动认错，痛哭流涕，赌咒发誓决不再犯。

结果没多长时间又被逮个正着，故技重施。后来，越发猖狂，公然在小南面前和其他女生互撩。

小南当然生气啊，他还解释说就是朋友闹着玩。

小南不是没提过分手，就是心太软了，男友也没别的缺点，她舍不得放弃这段感情。这次小南又把分手摆上了日程，能不能成功呢？很难讲，架不住男友求饶，她肯定又会心软的。

遇见错的人，真是爱人像弹簧，你弱他就强。大家都说小南眼瞎了，你可以爱三五个人渣，但你不能爱一个人渣三五次。

可是年轻的时候，很多人喜欢一个人的样子就是这样啊，要不怎么会有"情人眼里出西施"这种千古流传的句子呢！

相比于小南的犹犹豫豫，因因就洒脱得多。

因因和男友合伙开了一家进口食品零售店，结果开业没多久，两人就分手了，男友还卷了所有钱跑了。因因陷入了财务危机，开店贷的款怎么办？供应商的钱怎么办？每天睁开眼就想着钱钱钱，着急上火脸上长出好几个痘痘。

因因垂头丧气地生活一个月后，把欠的款都还上了，然后独自飞往香港散心一周。

说来也奇怪，一下飞机，瞬间就觉得精神好起来了。她在大屿山拍照，在山顶赏夜景，还去迪士尼疯狂玩了一个小时的过山车，在兰桂坊喝酒跳舞……

回来后她变了：又瘦又穷。将小店重新开业，她说："不能因为这点小挫折就放弃了，相比于去憎恨那个人，我更想努力把小店开下去，不为别的，就是自己开心。"

有一次我们去唱歌，一首《女神》她唱得很带劲："不要低头，光环会掉下来，你是女神，不要为俗眼收敛色彩，不要讲和，威严会碎下来，你是女神，不要被下价的化妆掩盖……"

有人说："如果觉得找不到人生伴侣，多半因为你还没决定要成为什么样的人。"很开心，因因决定成为女神，那她未来可以选择的范围就广了。

以前不明白：为什么人们喜欢在失恋或失意外出旅行？因因让我明白，他们在做决定的那一刻，需要一段旅程来决定自己是谁，以什么面貌去经历。

多认识一些人，你才不会被狭隘的生活圈子拖累，不会觉得偶然认识的一个男生，也能成为你的唯一。

你不会觉得当男生向你吹嘘月入过万的时候多么了不起，你知道更好的人是什么样的，所以你不会被谁的高傲死死地钳制住。

多看几本书，在书里找到适用自己的哲学，体验它的辽远和深刻，便不再觉得"他突然对我冷淡了"是什么无法消解的难处。

你见过书中人，也仿佛经历过他们的人生，你知道了真正重要的是什么，是善良、真诚、敬畏与勇气，所以你存留着自己的圆融，不会因为周遭的一点儿鸡毛蒜皮而变得刻薄。

多去一些地方，了解那里的生态，那里的风土人情，看看世界各地的人们都在怎样生活，你会发现平时忧心的事实在太不值一提，还有那么多人在勤勤恳恳地生活，没什么能把自己打败。

遇见一个人，你以为可以通过他，看见整个世界，但是多数时候，你看见一朵云，你以为见过了整个天空；你见过一尾鱼，你以为闻到了海的味道。你的英雄之所以盖世，是因为你的圈子太小了。

只有经历过丰富的生活，你才能拥有强大的扛压能力。强大过后，什么孤单、心碎、遇人不淑，都只是太小的不如意，你知道该怎么做，知道自己总会变得更好，才会从此摆脱一蹶不振。

你活开了，对自己有谱了，不再觉得一点点好就是你能得到的全部，也不再觉得一点点坏就能把你打败。这才是最好的成熟。

## 长大了终要出发，不管是蛙还是人

之前有一款叫《旅行青蛙》的游戏特别火。里面的青蛙出去旅行，路过许多别样的风景，遇见新的小伙伴，旅行后会传照片和带远方的特产礼物送给你。

每次旅行没有预期，所以无论青蛙归来与否，收到照片、礼物都足以让"蛙妈妈"充满惊喜。青蛙未曾说任何一句话，却把"蛙妈妈"彻底治愈，满怀期待和感动。

这款游戏之所以大火，除了激发起"养青蛙"的父母心，时而在路上，时而在家的青蛙，其实也是最真实的我们。要么读书，要么旅行，身体和灵魂总要有一个在路上。

不走出去，你永远不知道，世界上还有这么多人和你过着截然不同的生活；不走出去，你永远不知道，天空可以这么近，这么蓝，鲜花可以如此怒放；不走出去，你永远不知道，一个陌生的微笑，一声亲切的问候，也会如此温暖。

成长的方法有很多，最好的方法是多看看这个世界。知道世界有多大，学会让眼界跳出自己所属的圈子，放眼更远的地方；知道自己在哪里，清楚自己的位置，拥有独立，成熟的世界观。

当你看过世界，见过众生，你会发现你要见的世面，是你自己内心的勇敢和自信。

一个人的旅行，考验的是与孤独相处的能力，无论何种美景，都因为没有心爱的人在身旁而稍显寡淡，只能跟自己交流；一个人的旅行，考验的也是与陌生人相处的能力，当你认识了很多人，你会发现每个人的生活，都有他的精彩。

旅行，解决不了你心中的纠结，但是在行走中，面对自然美景、风土人情，你的心胸会变得开阔，你见了世面。没有什么解决不了，你的烦恼变得微不足道，何必自己困住了自己。

**有的人出去旅行就是花钱买东西，但有的人在旅行时发现了一个新世界。很多高级的活法，是因为你先看到别人这样高级地活着。**

《回到爱开始的地方》里有一句话："有人学到了独立，有人懂得了珍惜，但无论是哪一种，在旅行开始的那一刻，这些成长与失去，就烙印在我们探索世界的步伐里，成了生命。"

旅行的独特魅力在于首先它让你离开，换掉你周围的人、现有的圈子、固化的思维；然后，再让你寻找并面对陌生，在新的环境中开启崭新的自己，重新认识自己。

那些不曾到过的地方，会让你感到似曾相识，仿佛进入自己的梦境。因为你不是在探索陌生的地方，而是在探索自己的内心。

你见过这个世界上的好，见过这个世界上真的有人在过着你想要的生活，你会更加笃定，更加心无旁骛。旅行带给你启发，带给你热情和豁达，决定了你以什么态度对待生活。

你只有早早看见过最好，享受过最好，体验过最好以后，你才有资格说，我要选择哪种生活方式。

当别人谈论人脉时，我们
应该谈论什么？

## 你不优秀，认识谁都没用

维持良好人际关系的关键，不在于你对他人的友善程度，而在于你的实力强弱。

## 你就是熟人太多，朋友太少

曾经因为工作关系，认识了智美，一个很会交朋友的女孩儿，家境优渥，为人豪爽，处世很令人敬佩，不像这个年龄段的女孩儿应该具备的能力。

每一次社交活动，她都能认识到新朋友，互留联系方式，她还经常组织大家吃饭聚会，大多都是她来买单。

那时我很羡慕她的生活方式，性格开朗，交游广阔，每天的生活都是多姿多彩的。我每次遇到麻烦想找人帮忙的时候，经常找不到，而智美总是很快就能找到人帮忙，这又让我的羡慕之情多了一分。

智美从来不孤单，每天都有不同的节目，甚至一天赶好几个场。

后来，智美的家庭出现危机，做生意的妈妈破产了，她一下不知所措了。微信里几千好友，肯借给她钱的寥寥无几。有的一听说借钱，就消失了。

这件事也给我敲响了警钟：如果只有热闹的社交圈，自己没有真材实料，朋友就只是点赞之交。

看看微信好友列表，有几个人，是能够在看到你的狼狈和软弱之后，毅然决然要帮你的人？肯定是有，但是绝对不会太多。

决定你有效人脉的不是范围的大小，而是质量的高低，认识多少人并不重要，重要的是你能号召多少人。

以前有位同事小聪，特别喜欢参加一些网络课程的线下聚会，这些聚会邀请的都是精英高管，小聪当时只是职场小白，但很有上进心，希望能抓住每一个上升机会。

他每个周末都忙着参加各种聚会，不管这个聚会的定位适不适合他，反正有社交活动就向前冲。

在那些聚会里，很多精英人士聊的话题他都跟不上，只能全程尬聊或摆出奉承的笑容。一年下来，他感觉自己积累了很多人脉，但这些人脉都只是静静地躺在他微信通讯录里。

每次别人发什么动态，他都热情点赞，而他发的动态，人家根本就没看，更别说礼尚往来地点赞了。

后来他想跳槽，把个人简历通过微信发给了几位认识的 HR，有的叫他等消息，有的连一个字都懒得回，只有无限的沉默。

他很苦恼，明明自己已经很主动地跟社会产生互动，很多成功学都在倡导要多社交，积累人脉，可是效果却凄凄惨惨戚戚。

**你以为认识了大咖就能成为朋友，大咖可能挥一挥衣袖就把你**

**忘了。你以为的人脉不过是点赞之交，真正的关系是有价值的遇见。**

用得上的才是人脉，用不上的顶多只算认识。

如果你和大咖不在一个水平，他手上的资源不会流到你那里，就算你想跟人家称兄道弟，人家也不会把你当朋友。

并不是你参加了一个饭局，就拥有了人脉，如果你自身的价值得不到认可，对他人"无用"，别人也不会慷慨地把自己的资源分享给你。

真正的人脉，不是看你和多少精英打过交道，和谁合过影，参加过多少饭局，也不是你单方面地"跪舔"，而是别人能够主动和你打交道、合作。

人脉的本质就是资源置换，所谓有效的社交一定是资源对称，能等价交换，彼此能愉快交流，能互相看到利益前景，有来有往，否则等待你的只是冷漠和翻白眼。

## 刻意合群的社交，大都是无效的

很多人以为，合群就会拥有人脉，认识人多就等于人脉广，于是拼命钻研人际关系。其实，很多刻意的合群，大都是无效的社交。

刚出来工作的时候，我去了本地一家知名的杂志社。一进去，我就犯难了。

公司派系分明，主要分两个山头。一是 Bobo 姐负责的高端淑女西餐派，没事经常请大家吃西餐；还有 Nick 哥负责的精英男士寿司派，时不时就点一份豪华寿司外卖请大家吃。

两派都互看不顺眼，势要把对方打倒。

公司还有一个中立派 Sharon 姐姐，常常摆出一副"我不惊不扰，不争不抢"的佛系姿态。平时独来独往，做自己的事，走自己的路。两派都无意拉拢，也就顺其自然。

有一次，作为新人，我跟她合作一个项目。到中午，其他两派的人都各自在自己的群里喊吃饭，聊八卦，约喝茶。只有 Sharon 姐姐静静地，哪个群也不进。她看见我一个人挺孤单的，就邀请我一起吃饭。

吃饭时，我问 Sharon 姐姐，到底应该加入哪一派。

她语出惊人，至今我都记得：合没有必要的群，不如不合。说不定，会活生生把自己的努力杀死。

我当时懵懂地看着她，她笑着说："以后你就明白了。"

两派你争我夺，有时候确实产生了良性的竞争效果，带动了公司生产力的提高。可惜，多数时候，两派互不沟通，常常出现交接失误的情况。

底下的员工也乐得管理层内斗，没空管自己，该聊八卦聊八卦，该打游戏打游戏。遇到棘手的任务，谁也不愿意接。

而一直不参与这些的 Sharon 姐姐，好像挺没有人缘的。总是接别人嫌弃的活，看起来好像过得不怎么样。

一年后，Sharon 姐姐跳槽了。从普通的项目经理跳到新公司做营运总监，年薪远远超过了当时比她还要早入行的 Bobo 姐和 Nick 哥。

随着年龄的增长，我越来越认同 Sharon 姐姐的话。合不合群，从来都只是一个选择而已。

合群，搞好人际关系本身没有错，但是你要合该合的群。不是桀骜不驯，更不是狂妄自大，而是在支持他人生活模式的同时，保有自己的思想。否则除了浪费时间，还会阻碍你进步。

以前听过一个关于樵夫和牧羊人的故事：樵夫和牧羊人在野外相遇，牧羊人手里牵着的羊在吃草，于是拉住樵夫要和他聊天，樵夫停下来和牧羊人聊了一整天，羊吃饱后牧羊人回家，樵夫却空手而归。

本来樵夫一句"不好意思，我还有柴要砍"就可以拒绝牧羊人，但是他没有这样做，而是为了迎合，浪费了一整天的工作时间。

正如毛姆说的那样："就算有五万人主张某件蠢事是对的，这件蠢事也不会因此就变成对的。"

与其把时间浪费在这些无效社交上，不如多投入一点时间在自己身上，完善自己的能力，待到时机成熟，圈子不请自来。

## 把自己变成人脉，才是硬道理

**你不必把每个人都当成最好的朋友，那是上帝派给狗的任务。**

合群这件事并没有想象得那么重要，大家都在追《欢乐颂》，你在看《百年孤独》，就是不合群吗？大家都在看言情小说，你在看国学，就是不合群吗？大家都在看娱乐综艺，你在看纪录片，就是不合群吗？是不合群，可是不好吗？

独自一人未必不好，反倒是费尽心思努力合群的样子，才真的很尴尬。你若盛开，清风爱来不来。只有当你真正变优秀了，跟那些牛人在同一个层次，你的社交才能真正有效。

我们假设一个最好的情形，那些能帮助你的人慷慨地给你机会、给你资源、给你平台，可是你自身能力不济，机会来了，你能抓住吗？给你一个让人艳羡的职位，你能胜任吗？给你一个稳赚的生意机会，你有资金入伙吗？给你一个能得到锻炼但压力很大的任务，你扛得住吗？

如果你屡屡让人失望，机会还会再次来敲门吗？实力不济，贵人想相助，也爱莫能助。

很多人把"人脉"神化了。那些没有享受到人脉变现福利的人，觉得自己是受害者，被社会牺牲了，其实这些所谓的受害者要负52%的责任。

哲学家马尔库塞认为：很多需要其实不是人真正的需要，而是社会灌输给我们的需要。就好比你鼻炎犯了，你去药店买药，结果抱回来一堆健脾开胃、舒筋活络、养肝补肾的保健品，回过神来才想起自己只想买一瓶通鼻水。

你没有理由责怪店员，他们当然要告诉你这些东西，因为这是他们的工作。而如果你相信每一件东西都对自己很重要，那你还没明白"重要"的意思。

小聪每个周末都在社交，根本没静下心来提升自己，核心能力没有精进，就算那些 HR 手里有再好的岗位也跟他没关系。

与其参加再多的无效社交还不如先打磨自己，把时间利用在让自己变好上才是最高性价比的事，否则再有人脉的社交圈也是走马观花。

在社交上拎得清的人，常常是最懂得投资自己的人。

为什么优秀的人，往往不合群？因为他们大多拥有独立思考的能力，知道自己想要什么，也清楚自己的人生方向，能够在有限的时间和空间里，自由又有计划地安排自己的时间，从而内心笃定去做自己。

一个优秀的人不但能在群体中保持清醒，他还有自己的思想，也更能耐得住寂寞。他们并非生活在世界的边缘，只是有一个属于自己的小世界，在这个世界里静静地思考，不断地成就自我。

《乌合之众》里有段话说得特别在理："人一旦到了群体之中，智力就严重下降，为了获得所谓的认同，愿意抛弃是非观念，用智商去换那份让人感到安全的归属感。"

一个真正强大的人，不会把太多心思花在取悦和亲附别人上面，所谓圈子、资源，都只是衍生品，最重要的是提高自己的内功。

等你足够优秀，有些想结交的人很容易就搭上话了，又何必急着此时"高攀"，还嫌对方"爱答不理"？人脉只服务优秀的人，正

**如银行只借钱给有钱人。**

　　用人情做出来的朋友只是暂时的，用人格和心意吸引来的朋友才能长久。丰富自己，比取悦他人有力量得多。

　　与其挤破脑袋进入一个不合适的圈子，不如努力提升自己，让自己和大咖平起平坐。正所谓人脉不如吸引力，当你有能力了，自然能吸引优秀的人到身边来。

总觉得别人在炫耀，你心里

真的一点儿数都没有吗？

## 与其花时间照顾自己的情绪，
## 不如花时间管好自己的偏见

人生的意义没有那么复杂，简单来说就是因为你的存在，让周围
的人感到生活更加美好，而不是因为你的出现让周围的人苦不堪言。

## 你嘴巴那么毒，心里一定很苦吧

好友 Mia 说，最近才发现，认识的人里居然有一个小富婆。

一次，她参加朋友聚会，在聚会上和一个新认识的朋友聊得特别投缘。聊到兴起，那位朋友送了她一把牦牛骨做的梳子，这是她去西藏游玩时看见的，因为非常精致，所以买了好几个送给朋友们。

说完，这位朋友转身去接电话了。

这时，旁边一个人从自己的包里掏出一把差不多的梳子递给她，说："这个给你吧，我不太喜欢用。"

Mia 推托了一番收下了，随口说了一句："这么漂亮的梳子，换成我可不舍得送人。"

结果，那个人用不屑的语气说："有什么不舍得的，便宜货而已。"

Mia 当时非常震惊，说："东西贵不贵我不知道，但毕竟是人家的一番心意吧。"

对方撇撇嘴道："你太天真了，你以为她真是送东西给你？她就是想告诉你，自己又去玩了，真讨厌这样的人，虚伪。"

Mia 实在无法和她聊下去了，默默走开了。和这样的人聊天真让人后怕，谁知道背后怎么说你呢！

一个月后，别人送了 Mia 几箱榛子，看着家里人少吃不完，就想着分给朋友们尝尝。

她突然记起送她梳子的那位朋友，便打电话问地址，准备送些过去。收到地址，Mia 很是惊讶，那是市里最高档的别墅区。

东西送去时，这位朋友十分热情，连连称谢。在她身上，Mia 看不到有任何显摆炫耀的意思，相反对方十分温柔体贴。

Mia 想起上次送梳子的一幕，以这位朋友的生活条件，别说去西藏，每个月去国外旅游都不是问题，她根本无须刻意显摆自己，却依旧有人认为她在显摆。

事实上，她不但没有显摆，甚至算得上很低调了，否则也不会现在才知道她的生活情况。

年少时，生命力旺盛，痛恨一切，连朋友之间都喜欢通过"互黑""互怼"来表达关怀，那时我们是世界的破坏者，会为某个观点争个你死我活。

成熟之后，我们不再热衷于去黑别人或者泼冷水，这不意味着摒弃了棱角和锋芒，不意味着世俗让我们变得圆滑，而是不愿意被他人刺伤，所以也提醒自己不要刺伤别人。

在这个世界，确实有些人在炫耀晒富，同时也有很多玻璃心的人，但凡看见别人拥有好的东西，便认定对方存心炫耀。却不知，这个世界上大多数人不过是过着与自己能力相匹配的生活。

别人的优秀，自有别人的理由；别人的成功，自有别人的奥秘。当气恼别人显摆、炫耀时，不妨审视自己，是不是因为差距的存在而心里不平衡？

**人情往来，不应该有鄙视链，人与人之间，更没有高低贵贱之分。傲慢和偏见并不彰显高贵，反而暴露了你的狭隘和无知。**

总觉得别人在炫耀的背后，无不映衬着当事人内在的匮乏。因为你没有让你自己的生命力流动，没有让你自己的喜乐成长，没有让你自己的本性开花，你内在空虚，才会去看每一个人的外在，只有外在可以看得到。

## 确认过眼神，是"杠精"本人

我有一个习惯，每次在网上看完各种新闻，总要看看网友们脑洞大开的评论。可是，常常被颠覆三观。

比如有90后美女一边读书，一边创业，年纪轻轻就身家百万。我觉得相当励志，结果看评论，差点儿没噎到，很多人说：富二代吧？有干爹吗？出卖色相吧……总之，很难听。

比如有富家千金爱上穷小子，很浪漫动人的一段爱情，在某些人眼里，再次变得充满心机：有钱人家的女孩儿就是智商低，还不知道对方只是看中了她的钱……

每次看到这样的评论，都感觉很不舒服，明明是很正能量的事，为什么有的人这么狭隘呢？最近有个新词叫"杠精"，大概就是说这些不太温柔的人吧！

这两年很多人都不发朋友圈了，因为被吐槽的太多了。

你发个美美的旅游照，"杠精"会酸你，又在显摆自己到处旅游了。于是你不太敢发旅游的照片了，自己默默收藏就好。

你的宾利被刮了，发了一张照片在朋友圈哭诉，大家的重点全都关注在车标上。"杠精"私下吐槽，不就是为了秀他的车吗？装什么有钱人啊！

圣诞节你和男朋友吃大餐，心情很好想在朋友圈分享一下，发了一张甜蜜合影。于是又有"杠精"说，你看她总秀恩爱，越秀恩爱死得越快……面对这种无情的诅咒，你越来越少地在朋友圈提到男朋友。

你有了孩子，看到宝宝的每个细节都觉得特别可爱，忍不住发出来。"杠精"在背后吐槽，不就生了个孩子吗？有什么好刷屏的！

有时候我甚至怀疑这些人是不是都是吃杠铃长大的？

他们把刻薄嘴贱当耿直诚实，把目中无人当伶牙俐齿，把别人难过当玻璃心，嘴里吐出来的从来不是莲花而是子弹。他们喜欢断章取义，并且总是按照自己的错误理解替别人概括中心思想。发什么他们都能杠起来，发什么他们都不满，所以很多人索性什么也不发，消失在朋友圈里。

**善于和别人优点相处的人，必然心胸广阔；老是和别人缺点较真的人，往往心里阴暗。有的人无论去哪里，都能给别人带来快乐；有的人是他一走别人就快乐。**

在不合适的场合说不合适的话，这真的不是耿直。如果实在不喜欢直接无视好了，为什么要特意告诉别人（尤其是当事人）"我真的很不喜欢你……"，存心让别人不快，也间接证明"我就是'杠精'本精……"

为什么好好的人类不做，非要成精呢？

或许是因为傲慢与偏见，我们总会被人讨厌，也有讨厌的人。如果避开那些由于三观不同、性格因素等其他原因不愿接触的人，那剩下的人，大概都是生活中与你或多或少有联系的人。在交往过程中，势必会有彼此无法忍受的缺点，可我们谁都不是圣人啊！

也许你的确认为这个地方不好玩，那辆车不行，别人家的男朋友看起来不帅，这个宝宝的长相实际上也没那么可爱。可是，别人也真心为生活里这样那样的无数件小事开心，习惯了用朋友圈记录或分享自己的生活。

每个人的感受都不一样。不要泼冷水，尊重他人的喜悦，温柔而不失真诚地对待别人是一种特别难得的品质。

生活已经这么艰难了，咱们还是不要互相伤害了。别做"杠精"了，要做一个温柔的人。

## 人越缺什么，就越觉得别人在晒什么

为什么有些人这么看不惯别人所谓的"秀"或者"炫耀"？最大原因是被这种炫耀刺痛了某一根神经，他们感到不高兴，是因为自己没有。人最敏感的东西，是别人的优越感。

看到一条评论说"越缺什么，越晒什么"。下面有人反驳他，"反而是越没有什么，越觉得别人在晒什么"。我觉得说得特别对。

看别人秀宾利车来气的，大部分是自己没有车的；看别人秀恩爱很不爽的，大部分是没有甜蜜恋情的。因为在别人的"炫耀"里自惭形秽，不得不低头看到自己没有的那些部分。

曾经自得其乐的心态被戳破，转而变成了一种莫名的愤慨。因为拥有的不对等，导致心态的不对等。别人也许只是在和他分享喜悦，他却觉得别人在和他炫耀优越。

**嫉妒的人，他很清楚地知道做成一件事不容易又不愿意去做，然后又对自己的懒惰和无能产生愤怒，只能靠嫉妒和诋毁来平衡。**

一个人缺少什么，就会特别关注什么。小到一双限量版球鞋，大到一台心仪跑车。如果一个人特别想买一双鞋，那么他一定会格外注意别人的脚，一旦看到就会变得特别敏感。

而这种敏感，经过内心的无数次加工，加上自我对白与胡思乱想，最后很容易变成一种畸形的不满。

你是什么样的人，就会看到什么的世界；一个人自己是什么样，就会觉得别人是什么样。

买假货的人，看到别人拎了一个新款包包，第一反应是，是不是假的？在哪儿淘的？而从来只买正品的人，只会关心这款包是在哪家店买的，汇率合不合适。

被男人伤过的女人，看每个男人都觉得不是好东西；心怀鬼胎的人，看到别人的热情帮助，都会觉得对方是别有用心。

真相很残酷，也很可笑，你只能看到自己想看到的东西。而你看到的，某种程度上都是自己内心的一种投射。

事实上，朋友圈里大部分的晒，只不过是日常生活的分享而已。除去一部分虚荣心作怪的人在那里假装表演，大部分人只是把朋友圈当成社交平台，展示自己日常生活，表达小确幸和小确丧的地方而已。

很多人看似在秀旅行，实际上环游世界也许早已是人家的日常；很多人看似在秀物质，实际上你看到的也许只是人家财富的冰山一角。

如果一个人总觉得别人有问题，那他应该低头看看是不是自己有问题。人最大的愚蠢，在于用别人的成功来否定自己。

很多时候，人格的缺失会让你看世界的角度变得狭隘。狭隘是非常可怕的，这样的人不相信任何美好的事，也就不会有任何希望。千万不要用自己的某种狭隘的心态和格局，去误解别人的正常生活。

一个人最大的狭隘，往往是把自己的理解强加在别人身上，把所有问题的答案都用自己的方法来解释，并且坚信，这是世上唯一的答案。

想开阔视野不容易，想把自己变得狭隘，却特别容易，只要封闭自己就行了。天长日久，你的周围就被无数的玻璃阻隔，就再也看不到这个世界的精彩。

换种心态看问题，不纠结于别人，同时也能放过自己。

这个世界上总有比你优秀、出色、活得更好的人，赞美别人一下很难吗？想要获得别人的夸奖，只是一种正常的感情需求。不是奉承，不是说违心的假话，只是真诚的赞美。

毕竟我们交朋友，是希望能从朋友那里得到鼓励，在彼此鼓励中抵御这个世界的恶意，而不是贬低、互相伤害。

而对于那些经常被人揶揄，被人议论，不好意思发朋友圈展示日常，甚至逃离了社交网络的人，我想说一句：生活是给自己看的，想做什么就去做，内心坦荡就无须顾虑，这世界上多得是内心阳光的人。

你特别优秀这件事，你怎么老忘呢？

## 人生的高度，是自信撑起来的

　　所谓谦虚，不是承认自己比别人弱，而是承认路还很长，自己比未来的自己弱；所谓自信，不是相信自己比别人强，而是相信路还很长，未来的自己比现在的自己强。

## 谦虚过了头，是你自以为是的美德

我见过很多优秀的人，他们给我的感受是：都很谦虚。有时甚至谦虚过了头。

你极力赞美他，他会很不好意思，甚至还有罪恶感，好像只有拿着刀抵着他的脖子，他才会勉强接受赞美。

**为什么这么优秀的人，还这么没自信呢？其实往往不是因为优秀才不自信，而是因为对自己没信心，才拼命让自己变得优秀，来抵抗内心的慌张感。**

一起长大的朋友小鹿就是一个很不自信的人。

小时候，我们玩游戏，她总要私底下演练好几遍，才肯参与进来。比如跳皮筋，她一定要自己跳到万无一失，动作一气呵成才会玩，稍微跳错了一点儿或者没钩好皮筋，立刻开始自责。

她总是这样，一遇到问题，就第一时间认为是自己错了。有时候可能是别人皮筋没抻好或者地面坑洼不平，她反正就是要算在自己头上。

长大后，她变了，变得更没自信了。老师夸别的同学时，她就敏感地担忧：是不是在说我做得不好？老板给她任务，她不敢大方地接受，生怕自己会搞砸，给别人留下不好的印象。

她从不敢拒绝不合理的请求，也不敢争取自己应得的东西：工资、机会、喜欢的人……

就算偶尔成功，她也认为那都是碰巧。就算美好的事物降临到生活中，她也会慌乱地把它丢得远远的，然后缩回自己的安全窝，沉浸在熟悉的懊悔中。

到最后，甚至都不用任何人来贬低她，她自己就先把自己打败了。

每当她被自己打趴下的时候，身边的人就会来鼓励她：没关系，我对你有信心。日子久了，她发现，好像除了她自己，所有人对她都很有信心。

有时候，她也会微微动摇：我其实是不是挺好的，也挺优秀的，挺有能力的吧？这种良好的感觉没能持续多久，马上就被"不行不行，我不够好""你以为你有多了不起"的想法淹没了……

有时候小鹿也会想：如果"我其实挺不错的"的感觉，能够一直持续，该多好啊……

后来，在爱情面前，小鹿又一次不自信了。

有一次在朋友的聚会上，小鹿偶遇了一位心仪的男生，在好友的撮合下，他们互加了微信。刚开始男生经常主动联系她，但她每次都纠结半天不知道怎么回，微信里看起来云淡风轻的几个字，其实在她自己手机里删了改、改了删反反复复不知道多少遍才闭着眼点了"发送"。

男生试着约她出来几次，由于太担心自己会表现不好让对方失望，小鹿一直找借口拖着没去，后来就没有后来了，她知道自己又错过了一个喜欢的人。

你知道失望太多次会给一个人造成什么影响吗？就是觉得自己本来就不配拥有。这是一种不健康的自我暗示，久而久之，会真的以为自己没有能力。你以为这是谦虚，在别人看来却是心虚。

缺乏自信的人，无法抵御来自心底的寒冷，即便穿再多衣服也是徒劳。

## 自己没有展露光芒，就不要怪别人没有眼光

生活中，像小鹿这样不自信的人太多了。能力明明不差，却总是习惯性自我贬低；不把自己当金子就算了，非要把自己当块石头。

自己完全能胜任的工作项目，却把机会让给了别人；到了升职加薪的时候，明明工作很有能力，却很怕为自己争取；太担心别人的看法，不敢先考虑自己的需求，不懂拒绝别人；别人都说你很好，却不知道你牺牲很多，才换来这些"看起来好"……习惯严格要求自己，却从来不敢肯定自己。

我们都很努力想成为更好的人，但一路上不得不面对很多阻碍，而最难跨越的阻碍就是我们自己。

做 HR 的朋友 Edith，有一次给我讲了一个应届毕业生的故事：那个女生简历很突出，专业是广告策划，大二就开始实习，参与过不少活动的策划，甚至独立负责过项目，还很成功。
Edith 觉得这个女生很优秀，就直接让她来面试。

女生的面试表现落落大方，Edith 问她为什么放弃了之前实习了很久的公司，女生说一开始领导很欣赏她，后来空降了一位新领导，总是板着脸，经常挑剔她的提议和方案，让她很不舒服，所以她决定毕业以后换一份工作。
女生说："无论什么工作，只要领导赏识我、认可我，觉得我可以栽培，能发挥作用，我就觉得工作有动力。"
Edith 反问她："难道领导不认可你，不赏识你，你就没有动力吗？"

　　后面双方尬聊了几句就结束面试了，说是回家等通知，其实也没后话了。

　　一个人在工作中的价值，怎么能单纯通过领导的评价来体现呢？总是以别人的声音当作坐标，那是迷失自我的开始。

　　当别人说你的穿衣打扮不好看，你就尝试另外一种风格；当别人说你的牙齿没有矫正好，你就少说话甚至不敢笑；当别人拿你的某个缺点做文章，你就很自卑地隐藏缺点；当别人建议你选择稳定的工作，你就不甘心地放弃了折腾。

　　**没有清晰稳定的内心主见和价值体系，没有对这世界和自我整体认知的人，很容易被别人的声音干扰，像是没有重心的浮游生物，活得自乱阵脚，外界投来一颗小石子，都会在心里激起千层浪。**

　　Edith 和我说，他们公司招人，很重要的一个标准是看这个人有没有自信。

　　"在交流过程中，自信的人给我一种感觉，他们有着极认真的工作态度，清楚自己需要提高的地方，以及未来的发展方向。因为这份自信，尽管他们工作经验并不丰富，也让我对他们的未来充满期待。"

没有自信的人常常戴有色眼镜看自己，只能看到自己的缺点，却看不到自己优秀的证据。

不敢肯定自己，以免别人说自己太骄傲了；别人稍微一夸奖，内心就会产生强烈的冲突感，慌乱中只会对自己说"他只是随口一说，不是真的"。而当别人批评时，却很容易接受，心里有一个声音说"他说的是对的，我就是这样的人"，因此又重新巩固了"我不够好"的意识。

**真正的自信不是开着玛莎拉蒂、住着山顶别墅才有的从容和气魄，换一身布衣草房就自卑到尘埃里，而是做自己的太阳，无须凭借谁的光。**

卡耐基曾经说过："自信，是你做任何事都必须要有的正确心态。无论你是攀登珠穆朗玛峰，还是和别人说话，自信都是你成功的基本前提。"

也许以前你被"我不够好"束缚住很多次，但别让它限制了你今后的生活。

## 不多立几个 flag，怎么知道自己真的能行

想起前两年参加初中同学的婚礼，见到了几个许久未见的老同学。

在场的几个人中，浩明最显年轻，还带着那么一点儿学生气。一问才知道，他正准备考中科院的博士，专业复杂到我都记不住名字。

其中一个同学说："你可真行啊，读了这么多年书，还没读够，万一一次考不上怎么办？"听这话的语气，稍微有点儿泼冷水。

浩明笑了笑说："我自己还挺喜欢的，最重要的是，我对自己的能力还是有信心的。应该不至于考两次。更何况，没去尝试，怎么知道一定不能成呢？"

那个同学也不再说什么了，其实我们都知道他这些年虽然一直忙忙碌碌，却并不如意。

都说拉开人与人之间差距的根本原因，是态度问题。除了对人对事的态度以外，还有更重要的一点，是对自己的态度。

换言之，是你对自己的肯定程度。很多人根本不相信自己，也不敢接受任何改变或挑战，就怕会输会失败。不断自我否定的

结果，是求得了一时的安稳，却失去了成长的机会。

而那些善于肯定自己并努力付诸行动的人，从一开始就已经成功了一半。因为只有敢于迈出第一步，才有后面的无限可能。

真正自信的人，并不是不懂得考量现实利弊，只是他们在面对困难时，能够摆正心态，既不居高临下，也不妄自菲薄，选择脚踏实地地去完成自己的目标。

真正自信的人，会坦然面对非议。这种自信不是漂亮、成功或者有钱带给你的，这种自信，永远来自全然的自我接纳。

一个人，如果能做到真正地了解自己，并且在任何时候都能不卑不亢，从容面对，那他一定能成为某个领域的佼佼者。越是输得起的人，越能赢得到。

这些年，时不时就会听到有人感慨：做人要有自知之明。好像这么一说，很多事情也就理所当然地有了不必坚持的理由。但到底什么样才算有"自知之明"，很多人说不明白。

富兰克林说过一句话，我觉得特别有道理："一个人失败的最大原因，就是对于自己的能力永远不敢充分信任，甚至自己认为必将失败无疑。"

明明努力就可以做到的事，你却一再暗示自己不行，这显然不是自知之明，而是自我设限，到头来也只能一无所成。

你以为你是被时代、社会抛弃了，最终你会发现，你只是被自己抛弃了。所谓的压力在哪里，就是自己过不去自己这一关。

"没自信"不是什么根深蒂固的特质，它更像是你给自己附加的心理负担。就像给自己腿上捆上沙袋，拖着沉重的脚步，羡慕一个个从你身边过去的人：他们怎么能走得那么快？只有我，又笨又慢。

但如果你绑过沙袋，应该有这样的体会：摘下的那一瞬间，像是能飞起来。

**什么样的人会成功？绝地求生的转型魄力，凶悍的弯道超车能力，还有最重要的一点——自始至终相信自己可以。**

说到底，做任何事情都一样，要想获得成功，就必须先学会不怕输。即使再难，也要有敢说"我能"的勇气。人生路上，一时的失败也许在所难免，但只要能相信自己，不轻言放弃，不轻易认输，就一定能走出精彩的未来。

自信是一门玄学，要学会自我催眠，你认为自己行，就行。不信你看看，你自信的样子，是不是美多了？

为什么越长大越不知道自
己想要什么？

我们对未来真正的慷慨，
就是把一切献给现在

我们总是执着于探索，生活的残忍在于，往往过了半生才发现，
原来最想做的事情，就是眼前。

## 你因欲望所受的苦，不要算到梦想头上

每到过年的时候，全家人围坐在一起，总是其乐融融，但也暗藏杀机。大过年的，打打杀杀不吉利，但是对小辈们来说，确实是考验个人求生欲强不强的时刻。

我也是从那个阶段过来的，感同身受。

所以，这几年当我终于坐在长辈这一边的时候，看着对面的小辈们，真是万分同情加幸灾乐祸。

长辈们充满关爱地看着孩子们，问着年年必问的那些问题：今年考得怎么样啊？毕业了想干什么啊？对未来有什么打算吗？对象是干什么的……每一个都是送命题。

轮到八岁的小外甥冬冬时，这个还充满稚气的小可爱正在一边啃着鸡腿，一边迅速滑着手机。在听到有人问他今年期末考试多少分时，他不屑地翻了一个白眼，说："要你管！"

我差点儿没鼓掌，怎么会有这么机智勇敢的小朋友。想起最近在网上看到一个笑话："小燕子，穿花衣，年年春天来这里。我问燕子为啥来，燕子说，先管好你自己。"

还是小孩子单纯，表达情绪总是这么直接，不像我们这些大人，明明不喜欢，却不敢明说。

从小到大我都非常反感别人问我一个问题："你长大想干什么？"每次听到，就莫名焦虑。

所谓长大想干什么，就是问你：年轻人，告诉我你有什么远大的志向，告诉我你想成为什么样的人，再和我说说你打算怎样去实现这些目标……

我知道他们想听那些千篇一律的标准答案，但是我内心很抗拒。

**最难沟通的不是没有文化的人，而是那些满脑子都被灌输了标准答案的人；未来不可怕，可怕的是面对变化莫测的未来，他们仍然沿用旧的逻辑。**

这个时代，最大的特征早已不是"稳定"，而是"不确定"；最关键的能力，也不再是"预测"，而是"适应"。真正的目标应该和个人努力以及当时的现状成正比，没有一劳永逸，只有不断修正，才能到达终点。

立 flag 的人多了，立住的能有几个？连小学生的计划都没几个人能真正做到的，成年人又哪来的盲目自信，拍着胸脯保证自己对人生的大政方针了如指掌？

我们的生活早已被过分修饰，欲望也被人为拔高。好像永远不知道满足，总是追求更好、更多，渴望光鲜亮丽的生活，认为那才是理想的生活。

可是，生活除了诗和远方，多得是一地鸡毛。明星们光鲜亮丽，却时时刻刻都要补妆；美好的商品都是经过了层层滤镜被修饰到完美状态，才能见人；而诗和远方只是偶尔的度假，眼前的苟且才是生活的常态。

志向过于高远，欲望太过庞大，野心过于离地，对普通人来说未必是什么好事。许多人明明能力和天赋一般，却有非一般的野心，常认为自己能大展宏图，可以改变世界。

对当下不满早已是现在很多年轻人的常态，就算给他们更好的机会，板凳还没坐热，他们也会在欲望的驱使下，奔着更大的目标前进。

这些人脑子里永远想着更高一级的目标，导致他们做任何事情都无法始终如一，心思都在别处，成功看起来才那么难。

明知道焦虑来自野心和实力不成正比，明知道痛苦来自期望和现实之间的差距，却从不认真活在当下，反而嘲讽那些按部就班努力的人。

对于能力有限的人，志向太大反而是一生的拖累。当你的欲望大于你的能力时，欲望就变成了扎在心里的一根刺，时不时地让你见见血。

让你越变越强的，不是你对目的有多执着，而是你的能力和心态有多平衡。少一点不切实际的欲望，多一点有实际规划的野心。

一个人的自由之路，无非有两条：一条是给实力做加法，一条是给欲望做减法。真正的成熟，是让野心和实力成正比。

## 对未来缺乏想象力，是一件很可怕的事

为什么越长大越不知道自己想要什么？当你在问自己这个问题时，潜台词就是：你对现在的生活不太满意。

前一阵子刷朋友圈，看到一个事业成功的前辈发了一条非常哲学性的感慨："人活着真不容易，明知道以后会死，还要努力地活着，这样过一辈子的意义是什么？"

外人眼中的他早已是"人生赢家"，却也偶有迷失的时候。

年龄稍长的人，经历、阅历如此丰富，都会有疑惑，更何况年轻人。一个远房的小堂弟大学毕业刚进入社会，发现很多事和自己想象的不一样，有种三观被震碎的感觉。

他有一番很文艺的描述：人人都把二十出头说得特别美好，我满怀激情赶路而来，只为看一眼人们口中的繁华美景，却有些失望。要自由，没有完全的自由；要梦想，却被现实拖住了脚；要爱情，喜欢的人不喜欢自己；要刺激，却开始有了顾虑……不敢把未来想得太小，心有不甘；不敢把未来想得太大，怕会失望。

然后，他向我开启了终极提问模式：

是应该很现实地努力上进，找一个合适的人结婚，买房买车，为下一代拼搏，还是爱情大过天，在一个没有压力的小城市过着有情饮水饱的生活？人生的努力如果仅仅是为了下一代，那活着的意义是什么？单身也没关系，可以不工作，到处流浪有何不可？人生究竟该以什么为准则呢？我应该怎么做？

每一个问题都让我哑口无言，或者说我根本不知道怎么回答。人生这个大问题，怎么会简单到在一问一答中顺利解决，毕竟跌宕起伏的剧情才是高潮。

二十几岁的人，初次直面现实，难免变得小气起来，对勇气也开始斤斤计较了，怕挥霍多了收不回来。不再敢天马行空，至少要先伸出一只脚探探路。

"人生究竟该以什么为准则呢？"这句话背后就有一个理所当然的潜台词，即人生应该有一个准则。

"我应该怎么做？"这句话的背后也存在着一个先入为主的潜台词，即有一个正确的方法存在。

年少时总在想到底什么样的快乐更彻底，现在却总在权衡哪一种痛苦程度更轻。可惜，这个世界并不存在唯一的准则和唯一正确的方法。

**每个人的理想生活都长得很像，而不安却各式各样。人类最大的恐惧就是未知，就像恐怖片最恐怖的部分不是鬼，而是即将出场的鬼。**

人的眼界和预知的能力是有限的，你无法掌控和预测。就像是靶子有了，红心却没有，怎么扎都得不到十分；表盘有了，没有刻度，无论怎么转，都对准不了时间，焦虑就由此产生。

焦虑的背面，是你对自己的犹疑，而恰恰在犹疑中，你才能有机会去平衡当下的心态和能力，想清楚未来想走的究竟是一条什么样的路。

未来充满了很多的变数和不确定性，你不需要、也无法替未来的自己做决定。现在的你只是一时迷失了方向，不代表你一事无成。你能做的就是把握好当下，按照当下的你想要的方式去生活。

## 拥有的都是侥幸，失去的才是人生

如果能回到出厂设置，你还愿意选择现在的生活吗？这个问题就像在大街上问"你幸福吗"一样可恶，因为它刺到了敏感神经，这是一个我们不愿提及，却需要思考的问题。

或许很多人不愿意，因为穷人比富人多得多，而很多人的幸福指数是由物质来决定的。没有面包的生活，用什么来填补幸福感呢？

对于焦虑的年轻人，除了解决客户的刁难、领导的疑问，每天问自己最多的问题应该就是："我为什么要过这样的生活？"

如果硬要去衡量，生命总是在倒计时，死亡后的一切我们都不知晓。这一生为之奋斗的家庭、财富、地位在最后那个终点到来的时候，都没有意义。

世界上的政要、富商、乞丐、主妇、学者，所有人最后的结局都是一样的，所以就不需要用力生活了吗？当然需要，活着就是意义本身，而体验就是活着最大的意义。

经常有年轻人说：我很迷茫，我不知道我想做什么；我很焦虑，未来的方向是什么；感觉奋斗得再多又能怎样呢，赚再多钱，房子再大，自己不也只能睡一张床吗？

有一个故事说：渔夫一辈子每天都在海边打鱼看日出日落，

商人忙碌了一辈子，做自己的企业，上市，经历千辛万苦，也同样坐在同一个海边看日落，他们有什么不同？

他们眼里看到的是同一片大海吗？他们的人生体验能一样吗？渔夫一辈子的体验，都是在重复同一天。而商人却阅尽千帆之后，闲适地坐在海边看夕阳。等他们人到暮年，回味这一生，心中的汹涌起伏，是完全不同的。

你总说一切都是最好的安排。谁为你安排？谁有空安排？没考上大学，你说这是最好的安排；被公司炒了，你说是最好的安排；一辈子碌碌无为，你还说是最好的安排……那你对"最好"的理解是不是有偏差？

**不要对"平凡可贵"有什么误解，有些人是"曾经拥有着一切"，最后发现平凡才是唯一的答案；而有些人本来就什么都没有，平凡就是他们唯一的宿命。**

不要年纪轻轻，就假装自己什么都不想要。

哪有人在三十岁就见够了世面，谈够了恋爱，赚够了钱？与其苦苦寻找所谓的意义，与其苦大仇深地说自己迷茫，不如放开吃，放开爱，去更远的地方，看更多的风景，结识更多有趣的人。

只有到达，见到那个人，你才能看着他的眼睛说，原来你也在这里；只有到达，你才能笑笑说，我来过，见到过了，其实也没什么。

有句话我特别喜欢："我承认我所有的努力，只是完成了普通的生活，但或许，这就是人生的意义所在。"

我曾经说我人生里没有考研这一选项，结果一读就是三年；我对新闻一无所知，结果毕业后就成了记者。我们总以为到了一定年纪，人就能找到轨道，自此目标明确，但人生总有各种可能。

所以我们一直都会是这样的状态：在不知道怎么办时，硬甩出一张牌。

我回想了一下曾经"被迫出牌"的时刻，没什么特别大的失败，但都带一点小小的收获：

比如八岁的时候第一次抓蝌蚪，又放它们回去找青蛙妈妈，然后为自己的壮举高兴了好几个月；比如第一次上台演讲，虽然忘词了，但是知道了这件事我其实做得来；比如我第一次写新闻稿，看到自己署名的那一刻，还是非常有成就感的……

正是这些"被迫出牌"的时刻，让我变成了更完整的人。每天早上醒来，都有一个妙不可言的未来在等自己解锁，还有比这更棒的时刻吗？

图书在版编目（CIP）数据

所有命运赠送的礼物，早已在暗中标好了价格 / 徐
多多著 . —北京：现代出版社，2019.6
ISBN 978-7-5143-7620-3

Ⅰ . ①所… Ⅱ . ①徐… Ⅲ . ①成功心理—通俗读物
Ⅳ . ① B848.4-49

中国版本图书馆 CIP 数据核字（2019）第 047654 号

## 所有命运赠送的礼物，早已在暗中标好了价格

| | |
|---|---|
| **著　者** | 徐多多 |
| **责任编辑** | 阎　欣 |
| **出版发行** | 现代出版社 |
| **通信地址** | 北京市安定门外安华里 504 号 |
| **邮政编码** | 100011 |
| **电　话** | 010-64267325 64245264（传真） |
| **网　址** | www.1980xd.com |
| **电子邮箱** | xiandai@vip.sina.com |
| **印　刷** | 吉林省吉广国际广告股份有限公司 |
| **开　本** | 880×1230　1/32 |
| **字　数** | 141 千字 |
| **印　张** | 8.5 |
| **版　次** | 2019 年 6 月第 1 版　2019 年 6 月第 1 次印刷 |
| **书　号** | ISBN 978-7-5143-7620-3 |
| **定　价** | 42.80 元 |